귀농과 6차산업 창업

BAND
MODEL로
성공하라

귀농과 6차산업 창업

BAND MODEL로 성공하라

이제구 지음

이담 Books

귀농·창농 나도 성공할 수 있다

나는 농업인들이 더 많은 소득을 올릴 수 있도록 컨설팅해주는 일을 하고 있다. 현장에서 만나는 농업인들이 가진 가장 큰 문제는 판로였다. 특히 자신의 농산물로 가공한 제품인 경우 판매하기가 매우 어려웠다. 주로 쌀을 생산하고 나서 가격이 좋지 않으니 떡을 만들거나 사과를 생산하고 나서 잘 팔리지 않으니 사과즙을 만드는 경우가 대부분인데 이런 경우 떡이나 사과즙 역시 판로가 막막하다. 비슷한 떡과 사과즙이 넘쳐나기 때문이다. 그러나 가공을 해야만 부가가치가 높아진다. 사과로 팔면 소득이 적고 사과즙으로 만들면 판매하기가 어려워진다. 가공을 할 수도 없고 안 할 수도 없다. 이런 문제를 어떻게 해결해야 하나?

자신이 생산하는 농산물에 차별화된 가치를 부여해 부가가치를 높이는데 성공한 농업인들이 많이 있다. 그들의 공통적인 특징은 각 단계에서 나타나는 문제를 스스로 해결해내는 능력을 가지고 있다는 것이었다.

<u>좀 더 구체적으로 살펴보면 농산물에 차별화된 가치를 부여하고 가공이나 체험을 연계시켜 성공한 농업인들은 각 단계에서 나타나</u>

는 여러 가지 문제들을 창의적인 방법으로 해결한 사람들이다. 그들이 가진 노하우, 즉 물고기 잡는 방법을 공유하고자 한다. 이들은 아주 간단한 방법으로 자신이 가진 많은 문제를 해결했다.

공무원 시험을 준비하다가 부모님의 농사를 돕기 위해 고향인 강원도로 막 귀농한 청년농부가 있었다. 마을 사람들과 참깨, 들깨를 재배하고 부모님이 쓰시던 가공시설을 고쳐 힘들게 참기름, 들기름을 생산했다. 그리고 어렵게 작은 기업체에 선물용으로 판매하게 되었다. 그런데 물건을 납품하고 며칠 후 기업체 사장으로부터 항의 전화가 왔다.

"기름병의 상표가 모두 삐뚤삐뚤하게 붙어 있습니다. 저희들도 이것을 거래처에 선물해야 하는데 다시 작업해주세요. 그렇지 못하면…… 반품해야겠습니다."

기계가 아닌 수작업으로 상표를 붙인 결과이다. 또 처음 해보는 것이라서 미처 예상하지 못한 일이었다.

"다시 작업해드리겠습니다."

이 청년농부가 마을사람들을 다시 모이게 한 후 목소리를 높였다.

"이렇게 상표가 삐뚤면 안 돼요……."

몸소 시범을 몇 번이고 보여줬다.

"다시 똑바르게 붙여 주세요."

아, 그런데 다시 붙이는 상표들도 삐뚤어지는 게 아닌가? 가만히 보니 마을 어르신들의 손이 대부분 굽어 있었던 것이다. 평생을 농업에 종사하신 분들의 손이 노동으로 굽어버린 것이다. 굽은 손으로 상표를 바르게 붙이기 힘들었던 것이다. 그녀는 먹먹한 가슴을 부여잡고 생각한다.

'아! 어떻게 하나?'

젊은이들을 고용하여 다시 붙이는 방법이 있고 반품을 받아주고 다른 곳(식당 등)에 판매하는 방법이 있다. 사장을 직접 만나 설득하는 방법도 있고 전화해서 부탁해 보는 방법도 있다. 그녀는 이 내용을 글로 써서 편지로 보냈다.

"이렇게 노력했지만 상표를 바르게 붙일 수 없었습니다. 원하시면 반품해 드리겠습니다."

이 편지를 읽은 사장은 청년농부의 노력에 감동했다. 그리고 반품하지 않기로 했다.

왜 하필 편지였을까? 사장은 편지를 복사해 자신의 거래처에 선물과 함께 보냈을 것이다. 삐뚤게 붙은 상표가 불량품의 원인에서 아버지, 어머니 같으신 농업인들이 직접 생산하고 손수 기름을 짠 증명서가 되는 순간이다. 문제가 해결되었다. 상표 문제를 편지와 연계시켜 추가비용 없이 창의적으로 해결하였다. 상기 사례처럼 창의적인 방법으로 돈이나 시간투자를 최소화하여 문제를 해결하는 농업인들도 많다. 앞으로 이 방법을 이야기하고자 한다.

결국 우리가 만나는 문제는 크게 두 가지 형태로 나타난다. 하나는 궁금한 것을 해결하는 문제이고 또 하나는 우리가 원하는 기대치를 달성하는 데 방해가 되는 문제를 해결하는 것이다. 앞의 문제는 통찰로 해결하는 하는 경우가 많고 뒤의 문제는 주로 돈이나 시간, 권력, 창의적인 방법 등을 이용해 해결한다. 창의적 문제해결 방법은 비용을 최소화하여 원하는 기대치를 얻는 방법이다.

- **최소의 비용으로 목적을 달성하는 방법을 찾는 것: 창의적 문제해결**
- **궁금한 것을 해결하는 문제: 통찰**

창의성	사회현상이나 소비자를 통찰하는 능력
	문제를 효율적으로 해결하는 능력

창의성은 이 두 가지 모두에 필요하다.

이 책은 저자가 개발한 창의적 문제해결 방법론인 Band Model[1]을 농업 부문에 적용한 것이다. 이는 누구나 통찰과 문제해결에 쉽게 적용해볼 수 있는 생각의 도구다. 귀농이나 농업 관련 융복합산업에서 그리고 자신의 삶에서 나타나는 여러 가지 문제를 창의적인 방법으로 해결하길 바라며 이 책이 도움이 되길 기원한다.

---

1) 창의적 문제해결의 도구, 1장 3절에서 설명.

목 차

귀농·창농을 생각하거나 후회하는 사람들
그리고 해결해야 할 문제를 가지고 있는 사람들에게

일러두기

- 귀농: 농업을 주업으로 자신의 근거지를 도시에서 농촌으로 옮기는 것
- 귀촌: 농업을 주업으로 하지 않고 주거지를 도시에서 농촌으로 옮기는 것
- 창농(創農): 농촌창업의 뜻으로 농촌에서 1차산업 이외의 가공이나 서비스 등의 산업을 겸하는 것

1

창업의 아이템을
찾아라

—
삶은 문제해결의 연속이다.
                        - 칼 포퍼

01

왜 창의적 아이템이 정답인가?

세상은 넓고 상품은 많다. 사람들은 대부분 가장 싼 것을 고르거나 가장 특별한 것을 선택한다. 가장 저렴한 상품을 만들지 못한다면 가장 특별한 상품을 생산하고 가장 특별하게 팔아야 한다. 어떻게 특별한 상품을 만들고 팔 것인가?

기존에 없던 새롭고 창의적인 무엇이 필요하다. '특별한 상품'을 만들기 위해서는 바로 창의적인 '생각'이 필요하다. 저렴한 상품을 만들기 위한 자본과 기술이 없다면 특별한 생각은 생존의 도구가 된다.

창의적 아이템은 바로 생존을 위해 필요하다.

창의적 아이템은 창의성으로 만들어진다. 창의성이란 무엇인가? '새롭고, 독창적이고, 유용한 것을 만들어내는 능력'(교육심리학 사전)이다. 이런 능력이 왜 필요할까? 다른 쪽 사전에서 답을 이야기하고 있다. '창의성은 문제해결을 위하여 새로운 아이디어로 접근하는 경향'(상담학 사전)이라고 정의한다. 문제를 무엇으로 정의하느냐에 따라 다르겠지만 창의성은 문제해결을 위해 필요한 도구로 활용된다.

상품을 만드는 문제뿐만 아니라 어쩌면 살아간다는 것 자체가 문제를 해결하는 과정이 아닐까? 이런 관점에서 보면 인생은 마라톤이 아니라 장애물 경주이거나 장애물이 있는 마라톤이다. 삶의 고비 고비마다 문제가 나타난다.

인류의 생존 역사를 보면 역시 문제해결의 역사임을 알 수 있다. 유인원들은 왜 나무에서 내려와 직립보행을 하게 되었을까? 강의 중에 질문한 적이 있었는데 누군가 "중력 때문에 내려왔다"는 답변을 했다. 기발한 생각이다. 질문에 답변하기 위해 그가 얼마나 노력했는지 알 수 있다. 대부분은 '먹을 것을 찾기 위해', '걷기 위해' 같은 답변을 한다. 학설은 많지만, 기후변화에 의해 나무가 죽어갔기 때문에 내려오지 않을 수 없었다. 나무가 죽고 없어지니 땅에 내려와서 걸을 수밖에 없었다. 물론 끝까지 걷지 않은 경우도 있었겠지만 그들은 모두 사라졌다. 나무가 사라진 환경에 대응하는 문제를 해결한 부족은 살아남았고 그렇지 못한 쪽은 사라졌다.

다시 질문 한 가지, 한반도에서 신석기인들은 왜 농사를 짓게 되었을까? 이 질문을 하면 주로 '잘 먹기 위해서', '한곳에 정착하기 위해서' 같은 대답을 한다. 고고학자들은 인류가 농사를 짓고 나서 건강은 더 나빠졌다고 한다. 수렵할 때 더 건강하고 튼튼했다고 한다. 웰빙을 위해 농사를 지은 것은 아니었다.

왜 농사를 짓게 되었을까? 물론 학설은 다양하지만 기후변화에 의해 거대 동물들이 사라지고 나서 신석기인들은 살아남기 위해 농사를 지었다. 없어진 식용동물을 대체할 무엇인가를 생각해 내야만 했다. 그들은 식량부족의 문제를 농업을 통해서 해결하였다. 농업혁명이 일어난 것이다. 이후 일어난 산업혁명들도 창의적인 문제해결 방

법으로 시작해 혁명이 되었다. <u>결국, 혁명은 문제해결의 한 형태로</u>
<u>나타난다.</u>

삶이나 사업의 과정에서 나타나는 문제를 해결하는 방법은 여러
가지가 있다. 돈으로 문제를 해결할 수도 있고 시간, 노력, 권력 등
으로 문제를 해결할 수 있다. 대부분 우리들은 돈도 없고 시간도 없
다. 그러므로 창의적인 방법으로 문제를 해결해야 한다. 창의적 문
제해결이란 문제해결에 사용되는 비용을 최소화하고 문제해결의 성
과를 극대화시키는 것이다.

성공은 창의적 문제해결의 능력에 달려 있다.

개인이든 기업이든 그들 앞에 여러 가지 종류의 문제가 나타나게
마련이고 이것을 해결하느냐 해결하지 못하느냐에 따라 성공과 실
패가 결정된다. 문제를 돈과 시간으로 해결하는 경우도 있고 창의적
인 방법으로 해결하는 수도 있다. 귀농문제와 더불어 농업을 기반으
로 하는 가공, 체험을 통해 유·무형의 제품을 만들고 판매하는 과
정에서 여러 가지 문제들이 나타난다. 이런 문제들을 해결하는 방법
을 제시하고자 한다.

외국의 유명한 경영학자들이 성공한 기업을 골라 그 성공요인을
분석하고 '이렇게 해야 성공한다'고 말하는 것은 불합리하다. 왜냐하
면 우리 주위를 둘러싼 환경은 고정된 것이 아니다. 계속 변하는 환
경에 어제의 성공요인을 대입하는 것은 매우 어리석은 결정이다. 문
제는 환경을 예측하고 문제를 찾아내 해결하는 능력을 기르는 일이

다. 어제의 소비자와 오늘의 소비자는 완전히 다른 사람이다. 매일 새로운 소비자가 나타난다고 생각하는 것이 마음 편하다. 아로니아에 열광하던 소비자는 이제 다른 농산물을 선호한다.

소비자가 좋아할 제품을 만드는 문제 혹은 이미 만든 제품을 소비자가 사랑하도록 하는 문제, 이 두 가지 문제를 해결하는 창의적인 힘을 키우는 것이 성공의 핵심이다.

문제해결의 방법에는 일정한 규칙이 있다. 모두 도구를 이용한다. 참기름 상표를 바르게 붙이는 문제를 편지로 해결한 것처럼 막막한 문제를 해결하는 다양한 방법이 있다.

창의적 문제해결이란 비용이나 시간을 최소화하고 문제를 새로운 방법으로 해결하는 것이다. 효율적인 방법으로 시행착오를 줄이고 이제까지와는 다른 방법으로 새로운 가치를 찾아내고 수시로 발생하는 문제를 해결해 나가는 것이다.

창의적 문제해결 도구에는 크게 두 가지가 있다. 어떤 개념이나 대상을 합치거나 나누는 것이다. 이 두 가지 도구를 통해 신제품을 생각해 내고 유통매체를 효율적으로 이용할 방법을 찾을 수 있으며 Blue Ocean도 만들어낼 수 있다.

무엇과 합치고 무엇을 버릴 것인가가 창의적 문제해결의 핵심이다. 조선시대의 창의적 문제해결 사례를 보자.[1]

경북 예천군에 있는 마을에서 실제 일어났던 일이다. 마을 내에서 사소한 말 한마디가 원인이 되어 문중 간 싸움이 일어나게 되었다. 서로 욕설과 폭행을 주고받는 일이 다반사가 되고 급기야 부상자도

---

1) 유적지의 안내문을 보고 저자가 이야기를 재구성함.

속출하게 되었다. 이때 지나가던 과객(요즘의 컨설턴트!)이 이 문제를 해결하였다. 서로 감정에 얽힌 이 갈등을 어떻게 해결하였을까? 여러분이라면 어떻게 해결할 것인가? 만약 상대편 문중 사람들이 우리 문중 사람들을 보고 '당신 집안은 쌍놈 집안'이라는 욕을 했다면 어떻게 용서할 수 있단 말인가?

이 나그네는 어떻게 문제를 해결했을까? 무덤을 만들었다. 말(言語)의 무덤이다. 즉, 언능(言陵)이다. 지금까지 한 말(특히 서로에게 내뱉은 악담들)은 모두 죽었다는 것이다. 무덤을 만들고 마을사람들이 함께 제사를 지낸 후 예전의 사이좋은 마을이 되었다고 한다. 더 이상 서로에게 했던 악담들을 다시는 입 밖에 내지 않았다. 마을의 분쟁을 무덤, 말 무덤을 통해 해결한 것이다.

요즘에도 마을을 지나가는 과객過客들이 있다. 귀농귀촌센터, 농업기술실용화재단, 6차산업지원센터, 농업기술센터, 시·군청 농정과, 농협 내부 컨설팅부서, 지역농협 지도계, 중소기업 관련기관, AT센터, 미래농업지원센터 직원들이다. 마을사람들이 문제를 깨닫고 지나가던 과객에게 문제해결을 요청했듯이 자신들이 해결할 농업관련 문제를 선정하고 앞의 기관들에게 요청(컨설팅 신청)을 해야 해결의 실마리를 찾을 수 있다.

오래전 전북 부안을 방문한 일이 있었다. 원전 유치문제로 갈등을 겪은 직후였다. 거리에는 갈등의 흔적(현수막이나 글씨 등)이 없고 깨끗했으며 원전 문제를 이야기하는 사람이 하나도 없었다. 궁금해서 질문을 했다.

"원전 문제로 시끄러웠다고 하는데 어째 조용한 것 같네요."

"갈등이 많았지요. 형제간에도 의절하고 서로 폭력까지 행사한 경우도 있었습니다."

"그런데 지금은 어떻게 조용한가요?"

"네. 원전 유치 여부가 결정된 이후 서로 원전에 대한 이야기는 말하지 않기로 했습니다. 대화에서 원전이란 말이 사라졌습니다."

조선시대 예천에서 사용했던 갈등문제 해결방법(말무덤)은 최근 부안에서 다시 사용되었다.

02

통찰과 문제해결 능력을 키워라

귀농이나 6차산업을 준비하는 사람에게 필요한 것은 통찰력과 문제해결 능력이다. 통찰력은 현상을 온전히 이해하는 능력이다. 현재를 이해한다면 미래를 좀 더 쉽게 예측할 수 있다. 트렌드를 알아차리고 소비자의 니즈를 파악할 수 있고 나아가 자신만의 시장을 찾는데 도움을 얻을 수 있다. 소비자의 마음을 안다면 얼마나 좋을까? 그 마음에 적합한 제품을 만들어 내기만 하면 되니까. 문제는 소비자 자신도 무엇을 원하는지 잘 모른다는 것이다. 이때 필요한 것이 통찰이다.

통찰의 사례를 살펴보자. 미국에서 어떤 경찰관이 차를 타고 가다가 횡단보도 앞에서 신호 때문에 정지했다. 그런데 옆 차선을 보니 방금 출고한 고급 자동차에 어떤 사람이 타고 있었다. 근데 이 사람이 담배를 한 모금 빨고는 담뱃재를 옆자리에 그냥 터는 것이 아닌가? 경찰관은 즉시 차에서 내려 자동차 차주를 체포해서 수갑을 채웠다. 경찰관은 왜 그 운전자를 체포했을까? 이런 질문을 하면 많은 분들이 '화재위험 때문에', '교통법규를 위반해서' 등과 같은 대답을 한다. 가끔 '훔친 차(車)이기 때문에'라고 답변하는 분들도 있다. 정답이다. 누가 방금 출고한 자신의 차에 담뱃재를 그냥 털겠는가? 실제 조사를 하니 도난차량이었다고 한다.

그 경찰관은 차량절도범에 대한 통찰을 가지고 있었다. 통찰은 왜 자신의 새 차에 담뱃재를 터는지에 대한 '궁금증 해결하기'라고 볼 수 있다. 자신의 제품을 판매하는 데 있어 가장 중요한 것은 소비자에 대한 통찰이다. 왜 소비자들이 이런 행동을 하고 저런 제품을 구매하는지 안다면 어떤 제품을 좋아할지 싫어할지에 대한 판단을 할 수 있다.

생명의 기원에 대한 통찰의 사례도 있다. 처음 지구에는 생명체가 없었다. 그러다가 어느 시점에서 생명체가 나타나고 진화를 거듭해 지금은 생명체들로 가득하게 되었다. 어떻게 생명체가 생겨나게 되었을까? 이 궁금증을 해결하는 데에는 통찰이 필요하다.

빌 브라이슨의 책『거의 모든 것의 역사』에서는 생명의 기원에 대한 통찰의 사례를 보여준다.

1953년 시카고 대학원 학생이었던 스탠리 밀러는 생명의 기원을 밝히기 위해 고심하고 있었다. '처음 지구에는 생명체가 없었는데 어떻게 생명체가 생겨나게 되었을까?' 그는 이 문제를 해결하기 위해 고심을 하다가 다음 세 가지를 이용해 실험을 하게 된다.

즉, 생명체가 나타날 무렵의 바다(물), 공기, 번개였다. 초기 지구의 공기(대기)에 해당하는 메탄, 암모니아, 황화수소 기체의 혼합물이 담긴 물통에 번개를 대신해 전기 방전을 일으켰다. 며칠이 지나자 물통 속의 물은 아미노산, 지방산, 당(糖)을 비롯한 여러 가지 유기물이 뒤섞인 녹황색으로 바뀌었다. 유기물이 생성된 것이다.

유기물은 생명의 근원물질이다. 화성에서 유기물이 발견되었다고 생명체가 살고 있을 가능성을 유추하는 뉴스가 방송되기도 했다. 스탠리 밀러는 '무생물만 존재했던 지구에서 생물은 어떻게 탄생하게 되었는가?'에 대한 해답을 찾기 위해 바닷물과 공기와 번개를 조합했다. 이 3가지가 생명을 만든 요인이 아닐까 하여 실험까지 진행했을 것이다.

이것은 통찰의 결과이다. 궁금한 것을 해결하기 위해 가설을 세우고 실험을 거쳐 자신의 생각과 주장을 내놓는 것은 이해되지 못한 현상에 대한 통찰의 결과이다. 이해되지 않는 현상을 해석해 내거나 이를 토대로 이론을 만들고 미래를 예측하는 일은 대부분 통찰의 영역에 해당된다.

새로운 발명품이 가져올 영향을 알아차리는 것도 통찰의 영역에 해당한다. 그리고 한 개인의 통찰이 국가 시스템을 바꾸기도 한다.

고려시대 무관 최무선은 업무로 원나라에 파견된다. 이때 그는 원나라의 화포(火砲)를 보고 그 위력에 놀라게 된다. 그리고 그는 생각한다. 이 화포로 무엇을 할 수 있을까? 아니 이 화포는 앞으로 무슨 역할을 하게 될 것인가? 그는 이 화포가 왜구를 물리칠 수 있는 유일한 무기라는 확신을 갖게 된다. 수많은 고려인들이 원나라에 있었지만 화포가 가져올 영향을 알아본 사람은 최무선뿐이었다.

화포에 대한 통찰은 곧 성과로 이어진다. 최무선이 만든 화포로 고려의 함선 100척이 진포에 상륙한 왜선 300척을 불태웠다. 왜구의 침공 역사상 최대 규모였다고 한다.

이후 화기의 역할에 매료된 조선의 군사전략가들은 무사계층을 문관과 선비로 전환하고, 전쟁터에서 무사의 역할을 화포에 맡기는 과감한 군제개혁을 단행했다.

최무선은 화기(火器)를 보는 순간 이 무기가 전쟁의 승패를 결정지을 수 있는 중요한 역할을 할 것이라는 사실을 직감한다. 이것은 통찰이다. 화기가 가져다줄 영향을 미리 알아차리는 것이다. 수만 명의 고려인들 중 왜 최무선만이 그것을 느꼈을까? 화기를 개발하고 나서, 바로 진포해전에서 활용된 것을 보면 최무선은 왜구의 침략에 대한 방어를 계속 생각하고 있었던 것 같다. 스스로 왜구의 침략을 막아내는 방법에 대해 고민하다가 화기를 보는 순간 해답을 얻게 된 것이다.

통찰은 그냥 갑자기 나타나지 않는다. 먼저 문제를 깊이 인식하고 현상을 해석하기 위한 노력이 있어야 한다. 우리가 의식하지는 못하지만 뇌는 무의식에서 계속 해답을 찾는 일을 한다.

· insight(통찰) = phenomenon(현상) + reading(해석능력)

다음은 창의적 문제해결에 대해 알아보자. 귀농을 진행하거나 6차 산업을 수행하는 과정에서 발생하는 문제를 해결하는 능력을 키우기 위해 창의적 문제해결 방법을 먼저 이해하여야 한다. 창의적 문제해결이란 최소의 비용으로 목표로 하는 기대치에 가깝도록 최대의 효과를 가져오는 해결방법을 말한다.

$$\cdot \text{이상성 추구(Ideality)} = \frac{\text{효용(Effect)}}{\text{비용(Cost)}} \rightarrow \infty$$

'이상성 추구'의 의미는 최소의 비용(분모)으로 무한대의 효용(분자)을 가지도록 노력하는 것이다. 즉, 창의성의 정도는 이상성 추구의 값이 얼마나 크냐에 달려 있다. 여기에 가장 적합한 도구가 '창의적 문제해결 방법론'들이다.

기존의 창의적 문제해결 방법들이 다소 복잡한데 여기에서는 아주 쉬운 방법을 제시해 보고자 한다. 즉, '합치기'와 '나누기'이다. 수학에서 가장 기본적인 덧셈과 뺄셈을 적용하는 것이다. 이 두 가지가 문제해결의 가장 기본적인 도구라고 생각한다. (1장 3절 Band Model 참조)

먼저 창의적 문제해결 사례를 살펴보자. 연필을 사용하다가 지우개를 찾기 힘들어서 연필에 지우개를 붙이는 것도 지우개 찾는 문제를 해결한 것이다. 이것을 생각해낸 발명가에 대한 신문기사를 본 적이 있다. 엄청난 수익을 얻었다. '합치기'의 대표적인 사례이다.

같은 문구류인 커터 칼은 칼날을 나누기 좋게 미리 조치하여 날이 무디어진 부분을 부러트리고 새 날을 사용할 수 있도록 하였다. 칼날이 무디어지는 문제를 일부분 해결한 사례이다. 칼날을 미리 나누었으니 '나누기'로 문제를 해결한 사례이다.

실제 문제를 해결하는 방법 중 가장 많이 사용하는 방법은 '형상'과 합치기이다. 문제해결의 열쇠가 되는 형상(形狀)을 찾는 것이다. 일회용 면도기를 발명한 킹 C. 질레트도 문제를 가지고 있었다. 그것은 바로 얇고 날카로운 면도날을 만드는 것이었다. 수염을 자를 수 있는 쇠는 날카로워야 하는데 이 쇠는 무디어서 휘어버린다. 그리고 휘지 않는 단단한 쇠는 날카롭지 못해 면도가 되지 않는다.

질레트와 동업자가 아무리 노력해도 계속 불량품만 생산하게 되었다. 단단한 쇠는 날카롭지 못하고 날카로운 쇠는 구부러지니 면도날로는 모두 부적합했던 것이다. 그러던 중 점심으로 샌드위치를 먹을 때 질레트는 깨달았다.

'샌드위치처럼 만들면 된다!'

양쪽에 단단한 쇠를 두고 가운데 날카로운 쇠를 합치면 된다. 샌드위치 모양처럼!

[면도기 날]	무딘 단단한 쇠
	날카롭고 부드러운 쇠
	무딘 단단한 쇠

[샌드위치]	빵
	야채, 햄 등
	빵

필자가 이 문제를 대구시 달성군에 위치한 문화센터 강좌에서 초등학교 2학년 대상으로 퀴즈를 낸 적이 있다. 먼저 문제해결을 위한 방법을 간단히 설명한 후에 해결방법을 물었다.

"여러분! 아주 얇은 면도날을 만들려는 사람이 있는데 (노란색 스티로폼을 들어 보이며) 단단한 쇠는 날카롭지 못해 면도가 안 되고 날카로운 쇠는 (파란색 스티로폼을 들어 보이며) 자꾸 휘어져요. 어떻게 하면 이 문제를 해결할 수 있을까요?"

생글생글 웃고 있던 한 여학생이 손을 번쩍 들었다. 앞으로 나와서 설명해 보라고 하면서 미리 준비해간 네모난 파란색 스티로폼 1개와 노란색 스티로폼 2개를 내주었다. 당연히 노란색 스티로폼 사이에 파란색 스티로폼을 넣을 줄 알았다. 이 학생은 '뭐 이런 한심한 문제를 내는 거야' 하는 표정으로 나와서 파란색 1개와 노란색 1개를 집어 들더니 두 개를 합쳤다. 그리고는 시큰둥한 표정으로 자리에 돌아갔다.

<초등학교 2학년이 생각해낸 해결방법>

단단한 쇠
날카롭고 부드러운 쇠

나는 남아 있던 노란색 스티로폼 1개를 쳐다보면서 생각에 잠겼다.

'만약 질레트가 밤을 지새우며 샌드위치를 먹을 게 아니라 동네의 아이들에게 물어봤으면 엄청난 원가절감과 면도날 개발시간을 단축시킬 수 있었을 텐데……'

교육이 끝난 후 아이들이 몰려들어 나에게 대해 이것저것 묻고 준비해간 스티로폼, 비행기 모형 등을 만져보곤 좋아했다. 강의실을 나올 때 한 어린이가 자신은 디자이너가 꿈이라며 가방에서 꺼낸 과자를 내 손에 쥐어준 기억이 난다. 창의력에 있어서 아이들은 어른들의 아버지다.

직산농협을 방문한 일이 있었는데 조합장님께서 포도봉지를 씌우는 장치를 보여준 적이 있다. 본인이 직접 특허를 낸 발명품이었다. 포도를 벌어진 봉지 사이로 넣고 봉지를 당기면 다음 봉지가 자동으로 벌어지는 구조였다. 이런 아이디어는 분명 다른 형상에서 힌트를 얻었을 것이다.

"이것 만드실 때 어디에서 힌트를 얻으셨나요?"

"네. 우산 비닐꽂이를 보고 우산 대신 포도를 넣으면 좋겠다고 생각해서 만들었습니다."

· 우산비닐꽂이 + 포도 = 포도봉지 씌우는 장치

고사리를 생산하는 농업인이 컨설팅을 받기 위해 방문하셨다. 그런데 이 고사리는 일직선으로 되어 있다. 보통 고사리는 줄기가 곡선모양으로 엉켜 있는데 이 고사리는 젓가락처럼 모두 일직선으로 되어 있는 게 아닌가? 그 모습이 너무 신기하기도 하고 예쁘기도 했다. 우리나라에서 제일 먼저 고사리를 이렇게 일자모양으로 건조시켰다고 하셨다.

"새로운 것을 만들고자 생각하실 때는 어떤 원형(모델)이 있지요. 무엇을 보시고 이런 고사리를 만드셨나요?"

"네. 국수를 보고 이렇게 만들었습니다. 고사리는 서로 엉켜 있어 일부를 떼어 내어야 할 때 불편한데 국수는 일자로 가지런해서 손으로 집어도 쉽게 분리됩니다. 아내가 국수를 삶기 위해 국수를 집는 모양을 보고 고사리도 국수처럼 일자로 만들어 봐야 되겠다고 생각했습니다."

<국수 모양의 고사리>

선배 농업인들의 창의적 문제해결 사례도 쉽게 찾아볼 수 있다. 약 300년 전 작은 섬에 사는 농업인들은 큰 어려움에 봉착했다. 쌀을 생산해야 하는데 논이 부족한 것이다. 논이 부족한 이유는 흙이 부족했기 때문이다. 섬은 돌투성이었던 것이다. 그리고 평지가 부족하고 대부분 경사지였다. 이 상황에서 어떻게 논을 만들 수 있겠는가?

누군가가 아이디어를 냈다. 바로 논과 구들장을 합치는 것이다. 구들은 주로 돌로 바닥을 만들고 제일 윗부분만 진흙을 발라서 구들장을 완성한다. 마찬가지로 논바닥에 돌을 사용해 구들로 만들고 윗부분만 흙으로 덮어서 벼를 키웠다. 바로 '청산도 구들장 논'이다. 빗물이 구들장 사이로 스며들어 통로(고래)를 통해 아궁이로 흘러내린다. 경사가 있고 흙이 부족한 환경에서 구들장 논이 탄생한 것이다. 자연환경을 극복해 쌀을 조금이라도 더 생산하고자 한 조상들의 창의적 작품이다. 세계중요농업유산이다.

논과 구들장이라는 개념이 합쳐서 '구들장 논'이 생겨났다. 전혀 어울릴 것 같지 않던 두 개의 낱말이 모여 새로운 형태의 기능이 생겨난 것이다. 이 경우는 온돌을 만드는 방법을 논농사에 빌려 사용했다.

· 구들장 + 논 = 구들장 논

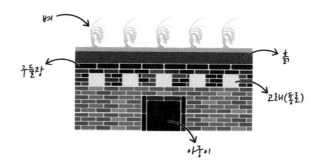

03

Band Model(반창고 모델)이란?

'나만의 6차산업을 구상하기 위한 문제'를 해결하기 위해 다음 모델을 활용하면 좀 더 쉽게 답을 찾을 수 있다. 이것은 필자가 여러가지 문제해결 모델을 분석한 후 농업현장(컨설팅)에 적용해보고 나서 만든 것이다. 상처가 났을 때 응급조치로 반창고를 붙이듯이 문제가 발생했을 때 긴급하게 사용하는 모델이라고 반창고 모델(Band Model)이라고 이름 붙였다.

	공간 합치기	
시간 나누기	**해결할 문제**	공간 나누기
	방법 합치기	

<Band Model>

가로축은 '나누기'이고 세로축은 '합치기'이다. '나누기'는 '시간 나누기'와 '공간 나누기'로 구분된다. '합치기'에는 '공간 합치기'와 '방

법 합치기'가 있다. 이 네 가지가 우리에게 적합한 창의적 문제해결의 도구다.

Band Model을 활용해 창의적 제품을 계속 만들어낸다면 (경쟁자로 인해) 나에게 닥칠 문제를 미리 해결해나갈 수 있다. 경쟁자가 만든 창의적인 제품은 나에게 큰 문제가 된다. 내가 만든 신제품이 시장에서 성공한다면 경쟁자의 시장은 그만큼 줄어들 것이다. 곧 경쟁자의 문제가 된다. 그럼 Band Model이 가지고 있는 4개의 도구에 대해 알아보겠다.

공간 합치기

공간 합치기는 두 개의 물질이나 개념을 합쳐보는 것이다. 공간의 개념에는 물건, 기능, 냄새, 색깔 등 유무형의 개념들이 모두 포함된다. 즉, 짬짜면, 여러 가지 색이 나오는 볼펜, 지우개 달린 연필과 같은 것이다. 갈등해결을 위해 말(言語)과 무덤을 합친 것도 공간 합치기이다.

	공간 합치기 말(言語) + 무덤	
시간 나누기	**마을 갈등해결**	공간 나누기
	방법 합치기	

'공간 합치기'로 자신의 농작물이나 6차산업 제품에 여러 가지 개념이나 사물을 합치기 해보는 것이 효율적이다. 사과 생산과 사과잼 체험을 하고 있다면 이것에 '창의력', '역사', '빌헬름 텔', '궁술', '사우나', '교과서', '미술', '세잔' 등을 합치기 해보면서 아이디어를 찾는 방법이 효율적이다. 자신이 생산하거나 생산할 농산물과 물건이나 개념, 서비스 등의 합치기를 지속적으로 시도해야 한다.

최근 자료를 보면 세계적인 가구업체 이케아에서 '바퀴 위의 공간(space on wheels) 프로젝트'를 진행하고 있다. 이케아는 저렴한 조립식가구를 판매하는 회사다. 자율주행차량이 상용화되면서 가구와 연계 가능한 사업을 구상 중에 있는 것이다.

프로젝트는 다음과 같은 주제를 가지고 진행된다.

· 움직이는 사무실(Office on wheels)

· 움직이는 카페(Coffee on the go)

· 건강관리(Healthcare on wheels)

· 농산물 직송(Farm on wheels)

· 움직이는 오락실(Play on wheels)

· 움직이는 호텔(Hotel on wheels)

· 움직이는 가게(Shop on wheels)

위의 주제와 공통된 것은 무엇일까? 바로 가구이다. 사무실, 카페, 가게, 오락실 등에 가구가 필수적이다. 건강관리나 호텔에는 침대와 같은 가구가 없어서는 안 된다. 자율주행차량이 가져올 미래시장에서 블루오션을 찾기 위한 이케아의 노력이라고 볼 수 있다. 가구라는 주제어로 계속 다른 개념이나 사물을 적용해 본 대표적인 사례라고 볼 수 있다.

은행원이라면 ATM on wheels를 금방 생각해 낼 수 있을 것이다. 여기에 자신의 아이디어를 더해 비즈니스 모델에 대한 특허권을 생각해 낼 수 있다. 유통분야에서 일하시는 분들은 Mart on wheels를 고민할 것이다.

일상생활에서도 '공간 합치기'를 활용할 수 있다.

조관일 박사의 『멋지게 한 말씀』에서 축사(祝辭) 시간이 부족한 문제를 '공간 합치기'로 해결한 사례를 보여주고 있다.

저자는 10월 하순경 인삼을 홍보하는 축제에 참석했다. 축사를 하기로 한 것이다. 그런데 행사장은 야외였고 바람까지 불어서 엄청 추웠다. 내빈들의 스피치는 길게 이어졌고 청중들은 계속 추위에 떨고 있었던 것이다. 더구나 저자의 축사 순서는 거의 끝 무렵이었다. 어떻게 할 것인가? 그는 준비해간 원고를 버리고 짧은 즉석연설을 생각했다. 그러나 1분 내외의 기간에 무엇을 할 수 있단 말인가?

그는 연단에 올라가 축사를 시작했다.

"여러분, 오늘 날씨가 무척 춥죠?"

"네~!"

추위에 떨면서 청중들은 악을 쓰듯 대답했다.

그는 대답을 듣자마자 기다렸다는 듯이 큰소리로 너스레를 떨었다.

"그게 바로, 평소에 인삼을 안 드셔서 그런 겁니다!"

추위에 떨던 청중들에게서 폭발적인 감탄사가 웃음과 함께 터져 나왔다.

인삼을 먹어야 한다는 당부 몇 마디만 더하고 연단을 내려왔다.

축사는 대성공이었다.

인삼과 추위를 공간 합치기한 결과이다. 대부분의 사람들은 인삼을 주로 건강과 연결시킨다. 그러나 조관일 박사는 건강하면 춥지 않을 것이란 생각에 인삼과 추위를 합칠 수 있었다. 최악의 상황에서 최선의 결과가 나왔다. 개념을 서로 합치기해서 생각해 낸 문제해결이다.

방법 합치기

방법 합치기는 한 분야에서 사용되는 방법을 다른 분야에 적용해 보는 것이다. 즉, 쿠텐베르크는 포도즙을 짜는 방법을 종이인쇄에 적용해 금속활자를 발명했다. 포도즙을 짜기 위해 위에서 넓은 판이 내려와 포도를 압착한다.

마찬가지로 금속활자 판이 위에서 내려와 종이를 찍어 내린다. 이런 방법을 사용해 엄청난 속도로 인쇄하는 것이 금속활자 발명의 핵심이다. 금속활자 위에 종이를 한 장씩 올려 손을 이용해 골고루 압력을 주는 방법으로 찍어내는 것과는 완전히 다른 시스템이다. 비닐우산꽂이의 작동방법을 포도봉지작업에 적용한 것도 방법 합치기이다.

	공간 합치기	
시간 나누기	**포도봉지작업 효율성 제고**	공간 나누기
	방법 합치기 우산꽂이 + 포도봉지	

특허청과 한국발명진흥회에서 발간한 『IP(지적재산)제품혁신매뉴얼』을 보면 제품혁신을 위한 방법인 OPIS를 소개하고 있다.

> OPIS(Open Patent Intelligence Search, 이종분야 특허검색 방법론)는 이미 다른 영역의 기술분야에 존재하는 문재해결 원리를 벤치마킹함으로써 빠른 속도, 적은 비용의 제품혁신을 추구하는 신개념 특허검색 방법론이다.

한 분야의 새로운 아이디어나 문제해결 방법을 다른 분야의 특허에서 찾는다는 것이다. 즉, 다른 분야의 특허를 낸 방법만 이용(벤치마킹)해 문제를 해결한다는 것이다. 생활용품을 제조하는 회사인 P&G의 사례를 들고 있다.

P&G는 치아미백제의 시장점유율이 높아 많은 수익을 거두었으나, 시간이 지나면서 경쟁회사들이 많아져 점유율이 떨어지고 이윤이 줄어들기 시작하여 새로운 치아미백제를 개발해야 했다. 기존의 치아미백제는 마우스피스 형태의 트레이(용기)에 치아미백제를 충진한 후 입에 장시간 물고 있는 동안 트레이(用器)에서 흘러나온 치아미백제가 치아를 점진적으로 하얗게 변화시킨다.

새로운 제품을 어떻게 개발할 것인가? 권투하는 것도 아닌데 마우스피스형 치아미백 용기를 오래 물고 있으니 불편하다. 뭔가 새로운 방법을 찾아야 한다. 연구원들은 특허를 검색하면서 '치아를 하얗게 만드는 방법'을 검색하지 않았다. 그들은 '약재를 인체 표면에 오래 머무르게 하는 방법'을 검색했다. 그리고 니코틴 패치를 찾았다. 니코틴 패치는 흡연억제제를 담은 접착 패치를 피부에 붙이고, 약재가 서서히 방출되도록 하는 것이다. 붙이는 파스와 같은 원리이다.

치아미백제 + 피부에 붙이는 흡연억제제 = ?

연구원들은 니코틴 패치에서 힌트를 얻어 치아에 접착하여 치아
미백 효과를 달성할 수 있는 치아미백용 필름을 개발했다. 권투선수
들이 경기를 할 때 사용하는 투박한 마우스피스 형태의 용기가 얇은
필름으로 대체된 것이다. 이 제품의 개발로 P&G는 출시 첫해 1억
3천만 달러의 매출을 발생시켰다.

```
                    ┌─────────────────────────┐
                    │        공간 합치기         │
          ┌─────────┼─────────────────────────┼─────────┐
          │ 시간 나누기 │      새로운 치아미백제       │ 공간 나누기 │
          └─────────┼─────────────────────────┼─────────┘
                    │        방법 합치기         │
                    │    미백약재 + 니코틴 패치     │
                    └─────────────────────────┘
```

컨설팅분야에서 회자되는 이야기가 있다. 초보 컨설턴트가 선배
와 함께 용접봉을 만드는 회사에 컨설팅을 진행하기 위해 방문했다.
선배도 용접봉은 처음 접해보는 분야이고 오랫동안 휴지에 대한 유
통컨설팅을 진행했던 분이었다. 초보 컨설턴트는 마음속으로 조마조
마했다. 용접봉에 대해서 모르기는 선배나 자기나 똑같았던 것이다.
"이거 망신만 당하는 것 아닐까요?"
선배는 "걱정 말고 내가 하는 것을 잘 봐둬"라고 했다. 아니나 다
를까 처음 미팅장소에서 회사 사장은 이렇게 질문한다.

"그동안 무엇을 컨설팅하셨나요?"

"네. 주로 화장지에 대해 컨설팅을 했습니다."

"그래요? 용접봉하고 화장지는 전혀 다른 분야인데……. 컨설팅을 진행할 수 있을까요?"

"제가 화장지는 잘 팔았습니다. 용접봉을 화장지 팔듯이 팔아드리겠습니다."

"하하! 그래요. 그럼 한번 진행해 봅시다."

	공간 합치기	
시간 나누기	**용접봉 컨설팅**	공간 나누기
	방법 합치기 화장지 판매 + 용접봉 판매	

선배 컨설턴트는 '방법 합치기'를 하였다. 화장지를 판매하는 방법을 용접봉에도 적용시키겠다는 의미와 기존의 마케팅과는 다른 방법을 사용해 성과를 보여주겠다는 의지가 담겨져 있다. 선배의 컨설팅 덕분에 상당한 마케팅 성과를 올렸다고 한다.

공간 나누기

공간 나누기는 유무형의 개념이나 물건을 나누는 것이다. 나눈 다음 나눈 것을 버리거나 변형시키거나 나눈 후 다른 것과 합치기하는 것이다. 커터 칼은 칼날을 미리 나누었다 사용한 날 부분을 부러뜨려 새 날을 사용하도록 한 것이다. 이것도 공간 나누기라고 볼 수 있다. 날개 없는 선풍기는 선풍기에서 날개를 나누기한 후 버린 것이다. 다이슨은 날개를 없애기 위해 비행기 제트엔진의 원리를 이용했다. 무언가를 버리면 그 기능을 대체할 무언가를 가져온다.

	공간 합치기	
시간 나누기	**안전한 선풍기**	공간 나누기 선풍기 - 날개
	방법 합치기 비행기 엔진의 원리	

시간 나누기

시간 나누기는 문제해결의 한 가지 방법으로 시간을 나누어 생각하는 것이다. 가끔 청도 감(홍시)을 사 먹는다. 박스단위로 구입해서 며칠을 기다리면 완전히 익는다. 촉매제가 박스 안에 있는데 이것으로 완벽한 홍시가 되는 것이다. 처음 몇 개는 정말 먹기 좋다. 그런데 문제는 익는 속도가 비슷해서 시간이 조금 지나면 빨리 먹어 치워야 하는 상황에 빠진다. 아내와 아이들은 홍시를 별로 좋아하지 않기 때문에 박스 안에 있는 홍시를 내가 책임져야 한다. 많이 먹어서 배는 부른데 한쪽에서는 벌써 썩기 시작한다.

이때 시간 나누기를 적용해볼 수 있다. 박스 내부에 칸막이를 만들어 몇 개로 분리하고 촉매제의 양을 다르게 하면 시간대별로 홍시가 되는 양은 일정해질 것이다. 대량으로 홍시가 되는 사태를 막을 수 있다.

몇 년 전 귀농한 선배님이 계시는데 블루베리를 생산한다. 블루베리는 수확할 때 일손이 집중적으로 필요하다. 귀농 전에 이 문제를 이야기했더니 수확시기가 다른 블루베리 품종을 섞어서 재배한다고 했다. 수확하는 때를 나누어 노동시간을 분산하고 판매할 수 있는 시간도 길게 하여 여러모로 도움이 된다는 것이다. 귀농하기 전 시간 나누기를 활용한 사례이다.

naver	대장 블루베리

Band Model 종합적용

위 모델 중 4가지 도구를 종합적으로 사용해 볼 수도 있다.

경매회사 소더비는 크리스티에 이어 만년 2위를 기록하고 있었다. 소더비가 경매시장에서 1위를 차지하기 위한 전략을 살펴보자.

첫째, 인재 육성에 집중했다. 회사 내부에 학부와 대학원 과정을 개설하여 전문가를 자체적으로 육성해 나갔다. 둘째, 경매품에 스토리를 전략적으로 입히기 시작했다. 스토리를 발굴하고 홍보하여 경매품의 가치를 높였다. 셋째, '경매 최고가를 받아주는 소더비'라는 명성을 만들었다. 경매품이 가장 비싸게 팔리는 지역에서 경매를 개최하여 상대적으로 낙찰가를 높게 유지했다. 경매품 종류별 최고가는 소더비에서 갱신하는 경우가 많아졌다. 이런 전략적 노력 덕분으로 소더비는 2000년대부터 1위로 도약했다.

	공간 합치기 스토리 + 경매품 회사 + 대학원	
시간 나누기	**NO1 경매사 소더비**	공간 나누기 인기지역에서 경매
	방법 합치기	

Band Model을 활용해서 경매 활성화에 대한 또 다른 방법을 생각해보자. '시간 나누기'와 '방법 합치기'가 비어 있다.

'시간 나누기'의 빈칸에 무엇을 넣을 것인가? 보석은 결혼시즌에 가격이 오를 가능성이 있다. 그러면 가을에(우리나라의 경우) 보석을 경매하면 낙찰가를 높게 받을 수 있다. 이전 경매기록을 분석하여 경매품 종류별 낙찰가와 계절의 연관성을 찾아볼 수도 있다. 이것은 시간 나누기이다.

'방법 합치기'의 빈칸에는 무엇을 넣을 것인가? 경매와 국내 노래 경연 프로그램을 연계할 수도 있다. 노래경연대회에서 참가자가 노래를 부르면 심사위원들이 자신의 회사로 데려갈 후보자를 선택한다. 2명 이상의 심사위원이 동시에 1명의 참가자를 원하는 상황이 되면 반대로 참가자가 심사위원을 선택해 그 회사로 간다. 심사위원들이 참가자에게 선택되는 재미있는 상황이 벌어진다.

위의 방식을 약간 변형하여 경매도 판매자가 경매희망가격을 정하고 경매희망가격에 2명 이상 도달하면 낙찰받고자 하는 사람들이 낙찰받아야 하는 이유를 설명하고 판매자가 1명을 선택하는 것도 가능하다. 국내 노래경연대회의 방법을 경매과정으로 도입하는 것이다. 그러면 돈이 많아도 살 수 없는 경매품을 파는 경매회사가 되는 것이다. 경매품에 또 하나의 스토리가 부가된다.

'돈 주고도 살 수 없는 경매품을 구입한 사람' 이란 스토리가 경매품에 하나 더 추가된다.

	공간 합치기 스토리 + 경매품 회사 + 대학원	
시간 나누기 인기 계절에 경매	**NO1 경매사 소더비**	공간 나누기 인기 지역에서 경매
	방법 합치기 노래경연 + 경매	

이 Band Model을 사용하면 높은 수준은 아니지만 즉시 문제해결 방법을 찾을 수 있다. 대화 중에 방법을 찾을 수도 있다. 모델을 머릿속에 그리면 해결방법을 몇 초 이내에 생각해낼 수 있다. 처음에는 이상하고 말도 안 되는 해결책이 나오지만 자꾸 연습하면 짜릿한

문제해결 방법을 찾을 수 있다.

신제품 사례를 Band Model로 해석하기

최근 신문기사에 나타난 창의적인 상품을 보면 대부분 Band Model을 적용해 성과를 낼 수 있는 것들이다. 다시 말해 Band Model로 쉽게 생각해낼 수 있는 상품들이 주변에 많다는 것이다. 또한 Band Model로 추가적인 아이디어를 생각해 낼 수도 있다.

영사기가 없는 영화관의 사례를 보자. 영화관에 꼭 필요한 것은 무엇일까? 영사기이다. 그런데 최근 영사기 없는 영화관이 생겨났다. 삼성전자 오닉스에서 영사기 없는 영화관인 '삼성 오닉스 멀티플랙스'를 상하이에 개관했다고 한다. 영화관에서 영사기를 나누고 없앤 결과이다. (머니투데이 2018년 9월 11일 참조)

·영화관 - 영사기 = 삼성 오닉스 멀티플랙스

	공간 합치기	
시간 나누기	**영사기 없는 영화관**	공간 나누기 영사기 제거
	방법 합치기 TV 시청	

중일일보 2018년 9월 21일자에 '손톱 스티커로 열 달 만에 100 억…'이란 기사가 나왔다. 스타트업 기업인 '젤라또랩'이 손톱에 붙이는 젤 타입의 네일 스티커로 이루어낸 판매량이다. 손톱과 스티커를 합치기한 것이다. 기존의 것은 플라스틱으로 만들어졌는데 '젤라또랩'은 다양한 디자인이 가능하고 벗겨지지 않고 오래가는 젤 타입으로 만든 것이 주효했다.

· 손톱 + 스티커 + 젤 타입 = 젤라또랩

<젤라또랩 (자료:젤라또랩 홈페이지)>

농민신문 2018년 9월 5일자 내용에 시원한 '참외 마스크 팩' 본격 시판이란 제목의 기사가 있다. 성주 월항농협에서 참외 마스크 팩을 시판한다는 내용이다. 제품을 개발한 후 싱가포르 현지 판촉행사에서 참외 1kg들이 한 상자당 참외 마스크 팩 한 개를 증정했는데, 참

외보다 참외 마스크 팩이 더 인기를 끌었다는 것이다. 월항농협 조합장은 "참외 마스크 팩은 수분 함량이 높은데다 참외가 찬 성질을 갖고 있어 시원하면서도 피부미용에 좋은 기능성을 갖춘 것이 장점"이라고 말한 내용이 있다. 마스크 팩에 사용하는 참외는 상품화하기 어려운 것을 사용해 농업인들의 소득도 향상시키고 있다.

마스크 팩과 참외를 <u>공간 합치기</u>한 사례이다. 또한 참외를 판매하는 방법으로 마스크 팩도 판매하니 <u>방법 합치기</u>를 한 것이다.

Band Model을 활용해 새로운 문제해결 방법(아이디어)을 찾아보자. 시간 나누기와 공간 나누기의 빈칸을 스스로 채워보자.

먼저 시간 나누기이다. 국내용으로 계절별 적합한 상품을 만들 수 있다. 참외의 양을 조절하여 봄, 여름, 가을, 겨울용 마스크 팩을 만든다. 또 시간을 나누어 황사에 강한 제품을 만들어 마케팅을 할 수도 있다.

다음은 공간 나누기다. 지역을 차별화하여 제품을 만들고 마케팅하는 방법을 찾을 수 있다. 아니면 계절별로 개발한 상품에 적합한 지역을 찾아 수출할 수도 있다.

	공간 합치기 참외 + 마스크 팩	
시간 나누기 계절별 마케팅 전략	**참외로 부가수익 창출**	공간 나누기 수출지역 차별화
	방법 합치기 참외시장 이용	

　머니투데이 2018년 9월 21일자 내용을 보면 '바나나체온계'가 있다. 헬스케어전문기업이 '바나나체온계'로 시장에서 돌풍을 일으키고 있다는 것이다.

　바나나체온계는 바나나 모양으로 생긴 영유아의 겨드랑이에 붙여 체온을 측정하는 제품이다. 측정된 결과는 부모의 스마트폰 애플리케이션에 저장돼 실시간으로 확인할 수 있다. 세계 3대 디자인상으로 꼽히는 '레드닷 디자인 어워드'에서 제품 디자인상을 수상했다고 한다. 체온계를 바나나와 공간 합치기한 사례이다.

　　· 바나나 + 체온계 = 바나나 모양 체온계

　Band Model을 활용해 새로운 아이디어를 만들어보자. 이왕이면 우리 농산물을 이미지화한 제품이었다면 더 좋았을 것 같다(공간 합치기). 온도에 따라 색이 변화되는 제품(체온계)이면 과일이 익어가는 모습에 아이들이 재미를 느낄 수도 있다.

'어떤 색으로 변하는지 한번 볼까?' 혹은 정상체온보다 높으면 특이한 색을 표현하여 즉시 고열임을 알 수 있게 한다(시간 나누기).

선풍기에서 바람을 일으키는 날개는 선풍기의 생명이다. 앞에서 이야기한 것처럼 영국의 전자제품 기업 다이슨에서 날개 없는 선풍기를 만들었다. 가장 핵심적인 부품(선풍기 날개)을 나누고 제거해서 가장 혁신적인 제품을 만들었다. 혁신의 정도는 예상치 못한 합치기나 나누기의 정도에 의해 판단될 수 있다. 최근 자동차에서 핸들을 없앴다. 다음은 바퀴를 없앨 것이다. 문제는 선풍기 날개를 제거하고 비행기의 엔진 원리를 도입했듯이 바퀴를 없애고 무엇을 도입하느냐를 찾는 것이 핵심이다. <u>혁신한다고 반드시 성공하는 것은 아니지만 혁신은 성공확률을 높여 준다.</u>

Band Model이 우리에게 필요한 이유

문제해결 방법이나 창의성에 관한 도구(방법)들이 많은데 왜 하필 Band Model인가?

첫째, 우리의 문화에 적합한 모델이다.

대부분의 창의성 이론이나 문제해결 방법론들은 해외, 특히 서양에서 연구되고 검증된 것들이다. 그런데 『생각의 지도』란 책에서는 서양과 동양의 사람들은 생각하는 시스템 자체가 다르다는 연구결과를 보여 주고 있다.

7살에서 9살까지의 미국, 중국, 일본 아이들을 대상으로 한 실험을 소개하고 있다. 문제를 풀게 하는 실험인데 아이들 스스로 선택한 문제와 어머니가 대신 선택해 준 문제를 풀게 하고 어느 쪽 문제를 오랫동안 집중해서 푸는지를 측정하였다. 그 결과 미국 아이들은 자신들이 선택한 문제에서 더 집중했고, 어머니가 선택해 준 문제는 대충 푸는 경향이 있었다. 연구자들은 미국 어린이들은 엄마가 선택하여준 경우 자신의 선택권이 침해당했다고 느꼈다고 해석했다. 그러나 동양의 어린이들은 어머니가 선택해준 문제에서 가장 강한 집중력을 보였다. 아마도 동양의 아이들은 어머니가 선택한 문제에 최선을 다하는 것이 어머니에 대한 예의를 지키는 것이고 이것은 어머니와의 관계에서 중요한 일이라고 생각했을 수 있다. 아무래도 동양은 관계 중심적이라고 할 수 있다.

관계의 중심에는 감정이 있다. 이 책에서 또 다른 실험을 이야기하고 있다. 한국인과 미국인에게, 어떤 경영자가 부하 직원에 대해 내린 숫자로 표시된 평가결과를 보여주었다. 그리고 평가에 나타난 숫자에 근거하여 경영자의 진짜 속내를 추측하게 하였는데 미국인들보다는 한국인들이 경영자의 진짜 속내를 훨씬 더 잘 읽어 냈다. 미국인들은 숫자를 숫자 그대로 받아들였지만, 한국인들은 숫자 이면에 있는 경영자의 감정을 더 읽으려 했던 것이다.

『생각의 지도』에서 인용한 대부분의 연구에서 동양과 서양의 피험자들은 대부분 서로 정반대의 결과를 보여줬다.

그러면 동양, 특히 한국인에게 적합한 창의성 모델은 뭘까? 일단 쉽고 빠른 것이어야 한다. Band Model은 쉽고 빠르다. 한국인은 대부분 성격이 급하다. 작은 국토를 가지고 있기 때문에 역사적으로 적의 침략에 대응을 빨리 해야만 했다. 남한산성을 건축할 때도 견고성보다는 완성되는 시간을 두고 상벌을 내렸다. 아무리 튼튼해도 제한된 시간에 완성하지 못하면 참수형을 당했다. 커피자판기에 손을 넣고 컵을 잡고 있는 것은 한국사람뿐이라고 한다. 천 번의 외침(외부로부터의 침입)과 천 번의 방어전에서 형성된 문화라고 볼 수 있다. 다시 말하면 Band Model은 조금만 연습하면 몇 초 안에 창의적인 생각을 할 수 있는 유용한 도구가 된다.

둘째, 대화를 하면서, 회의 중에도 즉시 활용할 수 있다.

농업인들은 대부분 연구하는 시간보다 회의, 대화를 하면서 아이디어를 내고 문제를 해결하는 방법을 선호한다. 대부분의 직장인들도 마찬가지이다. 대화를 하면서 해결책을 제시하기도 하고 회의가 끝나면 결과가 있어야 한다. 이때 이 모델이 유용하다. 문제가 있으면 먼저 합치기나 나누기를 생각하면 된다. 연습을 하면 공간, 방법 합치기와 공간, 시간 나누기가 자연스럽게 떠오른다.

셋째, 전 국민이 다 사용할 수 있다.

앞에서 이야기한 것처럼 초등생 2학년을 대상으로 교육을 진행했는데 효과가 아주 좋았다. 나이가 어릴수록 창의성의 정도는 더 높았다. 단지 아이들이 가지고 있는 정보가 부족하니까 분야가 제한될 뿐이다.

넷째, 문제가 뭔지 모르는 문제를 해결할 수 있다.

대부분의 문제해결 도구는 문제를 발견하고 문제를 분석한 다음 원인을 찾고 그것을 해결하려고 한다. 발견하지 못하는 문제는 대상에서 제외된다.

· 문제발견 → 문제분석 → 원인파악 → 해결책 강구

그런데 이런 시스템 자체가 가장 큰 문제를 스스로 가지고 있다. 내가 뭘 모르는지 모르는 문제(unknown unknowns)를 해결해 줄 수 없는 것이다.

Band Model을 평상시에 활용하면 문제가 있든 없든 새로운 아이디어를 창출할 수 있기 때문에 인식하지 못했던 문제를 알아차릴 수 있다. 신제품의 문제, 유통의 문제를 합치기, 나누기 하다보면 새로운 방법들이 도출되고 효율적인 방법의 도출은 기존 방법의 문제를 부각시키는 것이 된다. 돌이나 청동기를 사용하는 것이 문제가 된 것은 철의 발견 이후다. Band Model을 활용해 아이디어를 자꾸 만들어내다 보면 문제해결의 효과를 알게 된다.

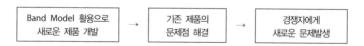

차량항법 장치인 내비게이션을 만드는 회사는 아무런 문제가 없었다. 제품생산이나 마케팅에서 특별한 문제를 발견할 수 없었으며 시장은 계속 성장하고 있었다. 그러던 어느 날 스마트폰이 세상에 나왔고 하루아침에 내비게이션 시장은 거의 사라져버렸다. 내가 발견(예상)하지 못한 문제가 가장 큰 문제였던 것이다. Band Model을 활용하면 새로운 제품에 대한 아이디어를 무수히 만들어낼 수 있다. 문제가 발생하기 전에 새로운 상품을 만들어 문제를 해결할 수 있다.

다섯째, 통찰에도 필요한 도구이다.

어떤 현상을 이해하는 데도 유용하다. 우리가 이해하지 못하는 현상은 정보가 부족하거나 혹은 고정관념에서 비롯되는 것이 많다. Band Model은 고정관념을 극복하는 데 유용하다.

여섯째, 기존의 문제해결 방법을 포용한다.

기존의 창의적 발상이나 문제해결을 위한 대표적인 방법으로 브레인스토밍, Scamper 기법, 트리즈 등이 있다.

(1) 브레인스토밍

Band Model에서 실제 합치기를 하고 나누기를 할 때는 브레인스토밍을 활용한다. 브레인스토밍을 활용하다가 새로운 아이디어를 찾는다. 단지 Band Model은 4가지 틀을 두고 브레인스토밍을 하기 때문에 막연히 하는 브레인스토밍과는 과정(효율성)이나 결과(효과성)에서 차이가 있다.

(2) Scamper 기법

Scamper 기법은 창의적인 문제해결 방법 중 하나로 새로운 아이디어를 얻기 위해 사용할 수 있는 7가지 규칙(세부적으로는 10가지)을 의미한다. 7가지 규칙의 앞 글자를 따서 Scamper 기법이라고 한다. 사과를 예로 들어보자.

　S = Substitue(기존 것을 다른 것으로 대체하라)
사과박스를 종이에서 스티로폼박스로 대체하고 고무줄로 밴딩해서 쉽게 열어볼 수 있게 한다. (직산농협에서 특허등록)
C = Combine(합쳐 보라)
감, 배, 사과, 포도를 하나의 박스에 담는다.
A = Adapt(다른 데 적용해 보라)
사과모양의 인공스피커
M = Modify, Minify, Magnify(변경, 축소, 확대해 보라)
사각형 사과, 꼬마사과, 대형사과
P = Put to other uses(다른 용도로 사용해 보라)
사과를 약품 처리하여 장식용으로 사용
E = Eliminate(제거해 보라)
사과에서 씨를 제거함, 씨 없는 사과 출시
R = Reverse, Rearrange(거꾸로 혹은 재배치해 보라)
사과박스 대신 세로의 원통형 통에 사과를 넣어 판매

　정말 유용하지만 7가지를 외우기는 조금 힘들다. Scamper 기법은 결국 다음과 같이 Band Model로 수렴된다.

	공간 합치기 대체, 합치기, 적용 변경, 확대	
시간 나누기	**scamper 기법**	공간 나누기 축소, 제거
	방법 합치기 다른 용도, 거꾸로, 재배치	

(3) 트리즈(TRIZ)

트리즈는 러시아 사람 겐리히 알츠슐러(1924~1998)가 계발한 '창의적 문제해결 이론'이다. 200만 건의 특허를 분석하여 특허의 공통원리를 발견했다. 특허는 주로 모순을 극복한 것이며 모순을 극복하기 위한 방법들을 특허의 유형으로 알아내고 제시한 것이다. 이들 중 40가지 발명원리에서 중요한 부문을 살펴보자. Scamper 기법과 유사한 부문도 있다. 편의상 번호를 붙였다.

① 나누어라 - 조각과일
② 필요한 것만 뽑아내라 - 쌀눈제품
③ 전체를 똑같이 할 필요 없다 - 고객차별화(VIP 우대 등)
④ 대칭이면 비대칭으로 - 휘어진 음료수병
⑤ 여러 작업을 동시에 - 도랑 치고 가재 잡고
⑥ 하나의 물건을 여러 번 사용하다 - 수지침 + 볼펜
⑦ 포개어 보다 - 은행 내 은행(ATM)
⑧ 미리 조치하라 - 자동차 범퍼(사고를 미리 대비)

⑨ 반대로 하라 - 식품 유통기한을 줄여 차별화

⑩ 자유롭게 하라 - 3M의 15% 규칙

⑪ 수평이면 수직으로(다른 각도에서 보라) - 옷을 무게(kg) 단위로 판매

⑫ 연속적이 아니라 주기적으로 하라 - 시간대별 버스 전용차로

⑬ 유해하다면 빨리 진행하라 - 고속도로 하이패스

⑭ 유해한 것을 좋은 것으로 바꿔라 - 쓰레기 재활용품

⑮ 중간 매개체를 이용하라 - 중매결혼

트리즈는 매우 강력한 창의적 문제해결 이론이다. 트리즈 관련 독서나 한국트리즈협회의 수강을 추천한다. 그러나 트리즈는 문제해결의 도구가 많고 그 과정이 단순하지 않아 일반인이 바로 적용해보기는 쉽지 않다. 트리즈의 발명원리들도 대부분 **Band Model**로 수렴된다.

	공간 합치기 ④⑦⑭⑮	
시간 나누기 ⑧⑫⑬	**트리즈 단순화**	공간 나누기 ①②
	방법 합치기 ③⑤⑥⑨⑩⑪	

(4) 벤처농업 십계명 <『벤처농업 미래가 보인다』 참조>

① +(더하기)도 발명이다.

  * 인삼 + 초콜릿 = 인삼초콜릿 * 인삼 + 쌀 = 인삼쌀

② -(빼기)도 발명이다.

  * 수박 - 씨 = 씨 없는 수박 * 오렌지 주스 - 설탕 = 무가당 주스

③ 모양을 바꾸는 것도 발명이다.

  * 네모난 수박 * 꿩닭

④ 반대로 생각하는 것도 발명이다.

  * 입체 수기경 재배2) * 거꾸로 기른 콩나물

⑤ 용도를 바꾸는 것도 발명이다.

  * 누에가루로 만든 당뇨병 치료제

⑥ 남의 아이디어를 빌리는 것도 발명이다.

  * 리프트 원리를 응용한 착유기

⑦ 크게 하거나 작게 하는 것도 발명이다.

  * 복수박 * 팝콘처럼 생긴 닭 튀김

⑧ 폐품을 이용하는 것도 발명이다.

  * 양파한우 * 한방참외

⑨ 재료를 바꾸는 것도 발명이다.

  * 쌀 피자 * 김치불고기 피자

⑩ 실용적인 것만이 발명이다.

  * 하우스용 파이프 플라스틱 지주 보호대

---

2) 식물의 뿌리를 물에 담그지 않고 물을 뿌리는 분무방식으로 재배.

위 10개의 도구를 Band Model에 대입하면 다음과 같다.

	공간 합치기 ①⑦⑧⑨	
시간 나누기	**농업부문 발명**	공간 나누기 ②
	방법 합치기 ③④⑤⑥⑩	

(5) Blue Ocean

Blue Ocean에서 새로운 가치와 이를 통한 새로운 시장을 찾는 방법으로 '4가지 액션 프레임워크(기본 틀)'을 제시하고 있다. 이 틀은 매우 강력해서 전 세계에서 많은 성공사례를 보여주고 있다. 이 프레임워크를 앞 글자를 따서 ERRC라고도 한다. <『블루오션 전략』 참조>

Eliminate 제거: 업계에서 당연한 것으로 받아들이는 요소들 가운데 제거해야 할 요소는 무엇인가?

Reduce 감소: 업계에서 표준 이하로 내려야 할 요소는 무엇인가?

Raise 증가: 업계에서 표준 이상으로 올려야 할 요소는 무엇인가?

Create 창조: 업계가 아직 한 번도 제공하지 못한 것 중 창조해야 할 요소는 무엇인가?

이 요소들을 Band Model에 적용해보면 다음과 같다.

	공간 합치기 증가, 창조	
시간 나누기	**새로운 가치** **새로운 시장**	공간 나누기 제거, 감소
	방법 합치기 증가, 창조	

　제거나 감소는 결국 공간을 나눈 후 버리는 정도(크기)의 문제다. 조금 버리면 감소, 모두 버리면 제거가 된다. 증가와 창조는 '공간 합치기'로 수렴될 수 있다. 증가와 창조가 다른 분야의 방법을 차용한 것이라면 '방법 합치기'가 될 수도 있다. ERRC가 정말 효과적이고 강력하지만 시간 나누기와 같은 유용한 요인을 간과하고 있다.

　결국 창업의 아이템은 Band Model을 통해 효율적으로 도출할 수 있다. 시장(market)에 대한 통찰도 Band Model을 통해 재빠르게 얻을 수 있다(5절 참조).

04

환상의 콜라보, 농업과 Band Model

농업에서 왜 굳이 **Band Model**이 필요한가? 이제 세상은 모든 분야 모든 업종에서 창의성을 필요로 한다. 한곳의 창의성이 다른 곳, 다른 분야의 생존을 결정짓는 시대이다. 아이폰이 나오면서 많은 분야의 시장이 사라졌다. 그 시장을 바라보던 수많은 상품들도, 기업들도, 직장인들도 사라졌다.

농업도 예외는 아니다. 그리고 우리에게는 돈이 없다. 그래서 창의적이어야 한다. 문제는 돈이 있는 사람들은 창의성을 돈을 주고 산다. 때문에 그들이 관심을 덜 가진 분야에서 창의성으로 승부를 걸어야 한다. 즉, 창의적 결과를 위해 **Band Model**이 유용하다. 앞에서 이야기한 것처럼 창의성은 통찰과 문제해결을 위한 필수요소이다.

창의성	사회현상이나 소비자를 통찰하는 능력
	문제를 효율적으로 해결하는 능력

또한 마케팅 현장에서 차별화 전략을 수행하는 데 적합하다. 차별화 전략(Differentiation Strategy)은 제품이나 서비스의 차별화를 통해 독특하다고 생각되는 가치를 제공함으로써 시장에서 경쟁우위를

달성하는 전략이다. 이 전략은 통상 원가우위전략(경쟁제품보다 판매가격을 낮게 하는 전략)보다 수익성이 높은 편이라고 한다. 즉, 소비자는 제품의 가격보다는 차별화된 가치에 돈을 좀 더 쓸 준비가 되어 있다는 것이다.

이 차별화 전략에 Band Model이 유용하다. 차별화 전략을 크게 제품 차별화와 서비스 차별화로 나누어 살펴보자.

첫째, 제품 차별화를 위해 Band Model을 활용할 수 있다.

캡슐 커피에서 아이디어를 얻어 '캡슐 차'를 만든 사람이 있다. 바로 김하섭 메디프레소 대표다. 메디프레소는 티 캡슐과 추출머신을 만드는 푸드테크 스타트업 기업이다. SK하이닉스에 다니던 직장인이 입사 4년차이던 2016년 사직서를 내밀고 창업을 했다.

'에스프레소 머신을 보고 이런 방법으로 우리 차를 만들면 되지 않을까?'

'커피처럼 쉽게 차를 추출하면 우리나라의 전통차뿐만 아니라 농업인들에게도 큰 힘이 될 텐데.'

창업을 하게 된 최초의 아이디어이다. 바로 캡슐 커피의 방법과 전통차를 합치기한 것이다. 여기에서 그치지 않고 계속 합치기를 시작했다. 우리나라의 전통차를 비롯해 다양한 즙과 한약 등으로 캡슐을 확장한 것이다.

메디프레소는 복합 한방차, 단일성분 한방차, 일반 티, 블렌딩 허브티 등을 아울러 12종의 캡슐 차를 개발했다. 앞으로 24종으로 선택지를 넓힐 예정이다. 또한 십전대보차, 쌍화차, 총명탕과 같은 한

방차를 캡슐 형태로 제작할 예정이다.

naver	메디프레소

수험생을 대상으로 한 총명탕, 겨울에는 쌍화차 중심 홍보로 전략을 세울 수 있다. 아침에 마시는 머리를 맑게 하는 차, 저녁에 마시는 숙면용 차를 조합하여 세트로 만들 수도 있다. 감칠맛이 일품이다.

'제3회 농식품 아이디어 경연대회'(농협미래농업지원센터 주최) 대상, '2018 코리아 푸드컵'(농림축산식품부 주최) 최우수상을 수상했다. 크라우드 펀딩도 진행했는데 목표 금액은 300만 원이었지만 2,600만 원의 매출을 올렸다.

<메디프레소 캡슐 차 전용 추출 머신>

메디프레소를 Band Model로 분석해 보자. 공간 나누기를 통해 소비자를 좀 더 세분화시킬 수 있다. 고혈압, 당뇨환자를 위한 차를 만들 수 있다. 시간 나누기를 적용해 보면 계절별 상품을 출시할 수 있다. 특히 봄철 미세먼지, 꽃가루 등을 대비한 차를 만들고 마케팅을 할 수 있다.

	공간 합치기 캡슐 차 + 한약	
시간 나누기 계절별(미세먼지), 아침, 저녁용 상품개발	**캡슐 차 메디프레소**	공간 나누기 고객 분할 (학생, 노인 등)
	방법 합치기 캡슐 커피 + 차	

다음은 무형의 상품을 생각해 보자. 만약 여러분이 딸기체험농장을 한다고 가정해 보자. 딸기를 수확하는 체험으로 가족단위 체험, 유치원 등 단체체험이 가능하다. 대부분의 농장들이 이런 형태의 체험을 한다.

나만의 차별화된 체험상품을 어떻게 만들 것인가? Band Model을 활용해 다음 상품들을 생각해 볼 수 있다.

공간 합치기를 적용해 보면 음악회를 딸기농장에서 진행할 수도 있다. '딸기 향을 맡으며 듣는 쇼팽의 피아노 연주곡'이 가능하다. 젊은이들의 만남이나 이성을 소개받는 장소로도 활용 가능하다. 딸기 수확을 체험하면서 서로를 알아가는 것이다.

<u>시간 나누기</u>를 생각해 보자. 바쁜 직장인들을 위해 밤에 체험을 진행할 수도 있다. 은은한 조명을 밝힐 수도 있고 광부들처럼 머리에서 비추는 라이트를 이용하도록 할 수도 있다. 또 딸기가 생산되지 않는 기간에는 귀농을 희망하는 사람들을 대상으로 체험을 진행할 수 있다. 체험을 연중 진행해 수익성을 높일 수 있다.

둘째, 유통·서비스의 과정에서 Band Model을 이용할 수 있다.

직거래 고객을 위한 손 편지, 충성고객과 신규고객을 위한 팜파티(Farm Party), 유통기한을 1일로 단축한 유통서비스, 농장에서 농산물을 시식하는 행사 등 무궁무진하다. 자신의 역량과 목표고객에 따라 가장 적합한 것을 테스트하고 추진하면 된다. 합치기, 나누기를 통해 서비스 차별화에 대한 아이디어를 쉽게 얻을 수 있다.

	공간 합치기 홍보 + 편지	
시간 나누기 새벽배송, 유통기한 줄이기	**서비스 차별화**	공간 나누기 농장 + 시식
	방법 합치기 사은행사 + 팜파티	

새로운 것을 생각해 내야만 하는 문제가 발생하면 먼저 침착해야한다. 반드시 해결할 수 있는 방법이 있다고 믿는다. 주변 지인들에게 도움을 요청하고 아이디어를 구해야 한다. 그리고 **Band Model**을 활용해 직접 문제해결에 뛰어든다. 간절해야만 해결책이 나온다. 대충 생각해서는 해결할 수 없다. 계속 문제에만 매몰되어서도 안 된다. 몰입했다가 쉬어가는 시간에 해결책이 갑자기 나타난다. 느슨해진 사이에 생각지도 못한 해결책이 나타난다.

자본과 기술이 부족한 귀농인인 경우 창의성은 꼭 필요한 도구이다. 창의성은 틈새시장에서 안정적으로 생존할 수 있는 방편이기도 하고 틈새시장을 만들어내는 도구가 되기도 한다. <u>창의성만으로 성공할 순 없지만 창의성 없이 성공하기란 더욱 힘들다.</u>

05

Band Model 이렇게 활용하라

다음은 Band Model을 활용한 통찰과 문제해결을 필자가 직접 경험한 사례이다. 먼저 궁금한 것을 해결한 통찰의 사례 몇 가지다. 검증되진 않았지만 스스로 해답을 찾는 과정에서 Band Model의 도움을 받았다.

통찰: 비오는 날 닭들이 싸우는 이유는?

초등학생 때 가진 의문을 고등학생이 되어서 이해한 적이 있다. 안동에서 대구로 유학을 가서 고등학교를 다니고 있었는데 공부는 잘 되지 않고 고향집이 자꾸 생각났다. 교실에서 창문 밖을 내다보며 향수병을 달래는데 불현듯 어릴 때 가졌던 의문이 떠올랐다.

어릴 때 어머님께서 닭을 키우셨다. 암탉이 병아리를 부화시키고 나면 이리저리 데리고 다녔다. 근데 병아리들이 어느 정도 크면 스스로 서열을 정한다. 자기네들끼리 작은 싸움이 일어나고 서열이 곧 정해진다.

그런데 비가 오는 날이면 이 어린 닭들이 과수원에서 가장 큰 사과나무 아래로 모인다. 그러고 나서 조금 있으면 여기저기서 싸움이 발생한다. 주로 낮은 서열의 닭이 자기보다 높은 서열의 닭에게 도전하는 것이다. 도전하는 방법은 가까운 거리에서 빤히 노려보는 것이다. 처음에는 무시하다가 이것이 자신에 대한 도전이라는 것을 알아차린 높은 서열의 닭은 공격을 시작한다. 싸움의 결과로 서열이 바뀐 적은 없다. 괜히 시비를 걸고 나서는 상처를 입는 어린 닭들이 마구 생겨난다. 비가 오는 날이면 이런 일들이 되풀이된다.

닭들은 왜 비오는 날만 되면 저 사과나무 아래서 혈투를 벌이는가? 이것이 나의 의문이었다.

그 당시에는 사과나무에서 분노를 자아내는 물질이 비를 타고 내린다고 생각했다. 그 사과나무는 야외화장실과 가장 가까운 거리에 있었다.

'화장실의 영향으로 사과나무에서 분노의 물질이 생성된 거야.'

그렇게 생각한 후 그 사과나무에서 열리는 사과는 입에 대지도 않았다. 그래도 마음 한편으로 '그럴 리가 없는데…' 하는 생각을 가지고 있었다. 사람들이 우리 집 사과를 먹고 문제가 일어난 적은 한 번도 없었기 때문이다. 초등생 때의 일이 이렇게 생생하게 되살아난 이유도 궁금했다.

창가에 앉은 고등학생이 고향을 생각하다가 불현듯 궁금한 문제를 해결했다. 열쇠는 사과나무를 제외시키는 것이었다. 닭들이 그 사과나무 아래로 모여드는 이유는 단순히 비를 피하기 위해서이다. 가장 큰 나무이니 잎이 무성하고 비를 피하기에 딱 좋다. 사과나무는 싸움과 무관하다. 닭들이 싸우는 이유는 '비' 때문이었다.

비를 맞은 닭들은 털이 비에 젖어 부피가 작아진다. 평소 알고 있던 덩치 큰 녀석이 비를 맞아 몸집이 작아진 것을 확인하고 공격하는 것이다. 물론 거울이 없으니 자신의 몸집도 줄어든 것을 알지 못한다.

(서열이 낮은 닭)

'아니, 저렇게 조그만 녀석한테 그동안 당하고만 살았네.'

'오늘 손 좀 봐줘야겠어.'

(공격당하는 서열이 높은 닭)

'아니, 이 녀석이 미쳤나? 평소보다도 더 작아진 놈이 버릇이 없네.'

'오늘 당해봐랏!'

서열이 높은 닭은 평소보다 더 보잘것없어진 서열 낮은 닭이 시비를 거는 것을 보고 참을 수 없었을 것이다. 싸움은 더 격렬해지고 징벌도 심하다.

의문: 닭들은 왜 비오는 날만 되면 저 사과나무 아래서 혈투를 벌이는가?

가설: 사과나무는 아무런 상관이 없다. 비를 맞은 닭들은 몸집이 줄어들고 이것이 싸움의 원인이 되었다.

	공간 합치기	
시간 나누기 비올 때 몸집이 줄어듦	**비오는 날 닭들의 혈투**	공간 나누기 사과나무 제외
	방법 합치기	

통찰: 모기가 귀 주위에서 소리를 내는 이유는?

여름에 불을 끄고 잠들려면 귓가에 모기소리가 종종 난다. '앵~ 앵~' 하고 귀찮게 구는데 잡으려고 손을 이리저리 휘저어 보지만 잘 잡히지 않는다. 다음날 몇 군데 모기 물린 자국을 보면서 복수를 다짐하지만 좀처럼 잡을 수가 없다.

내가 모기라면 왜 위험하게 귀 근처에서 앵앵거리고 있을까? 모기에게 어떤 목적이 있을까? 합치기를 통해 무엇을 대입하면 모기를 이해할 수 있을 것인가?

물론 우연히 귓가에서 날아다녔을 수도 있다. 그러나 모기의 행위에 이유가 있다고 가정을 하고 생각을 했다. 왜 하필 귓가에서 날아다녔을까?

내가 모기라면 아무 피나 빨지 않겠다. 신선한 피를 먹고 싶을 것이다. 병으로 죽은 동물의 사체인 줄 모르고 피를 빨았다간 큰일이다. 그렇다. 우리는 내가 먹을 우유가 신선한지 미리 냄새를 맡아보곤 한다(방법 합치기). 모기도 신선한 음식인지 확인할 필요가 있을 것이다. 귀에서 앵앵거리고 난 다음 음식물의 움직이는 반응이 좋으면 안전한 곳에 가서 피를 빨면 된다. 모기의 앵앵거리는 소리와 신선한 음식 판별법이 합쳐져서 통찰에 대한 가설이 세워졌다.

이 생각을 하고 나서 모기의 앵앵거리는 소리가 나도 꾹 참고 움직이지 않은 적이 있었는데 그날은 모기에 물리지 않았다. 여러분들도 실험해 보기 바란다. 그리고 실험은 말 그대로 실험이다. 항상 실패를 염두에 두는 것이 좋다.

인터넷 자료를 보니 모기는 1초에 약 2천 번 이상의 날갯짓을 한다고 한다. 그러니 '앵~' 소리가 크게 나는 것이다. 또 모기는 이산화탄소 배출량을 보고 사람에게 온다고 한다. 귀 주변이 아니라 호흡기 주변이 더 정확한 표현일 수도 있겠다. 과학에서 설명하는 것은 여기까지이다. 모기는 병에 걸려 죽어가는 동물의 피를 먹고 싶진 않았을 것이다. 대부분의 동물들이 호흡기 주변에 청각기능을 가지고 있다. 이산화탄소 배출량을 보고 사람에게 오는 이유는 캄캄한 밤에 청각을 이용해 음식물의 상태를 확인하기 위한 것일 수 있다. '모기는 신선한 음식(피)을 확인하기 위해 음식물의 귀(청각기관) 주변을 맴돈다'는 가설을 만들었다.

검증까진 못했지만 나 나름대로의 가설을 세웠으니 궁금증이 다소 해결되었다.

	공간 합치기	
시간 나누기 피를 빨기 전	**모기가 소리를 내는 이유**	공간 나누기
	방법 합치기 우유 신선도 확인	

의문: 모기는 왜 위험을 감수하고 사람의 귀 근처에서 '앵앵'거리나?
가설: (먹이의 움직임을 유도해) 피의 신선도를 확인하기 위해서다.

다음은 Band Model을 활용한 문제해결의 사례이다.

문제해결: 1회용 물티슈 살균제 문제

몇 해 전 집에서 아이들을 불러놓고 중대 선언을 했다.

"이제 100세 시대이니 내가 너희들에게 물려줄 물질적 유산은 아마도 없을 것 같다. 그래서 정신적 유산을 만들었다."

아이들은 재미있어 하면서도 '또 무슨 소리를 하시려나?' 하는 표정으로 나를 바라보았다.

"바로 합치기와 나누기이다. 이 두 가지 도구로 너희들이 살아가면서 문제를 해결해라. 우리 집안의 비법이다."

그리고 Band Model을 설명해주었다.

"이러지도 저러지도 못할 때 이 모델을 적용해 봐라. 그리고 창의성은 별것 없다. 합치고 나누는 데에 있다."

얼마 후 지방에서 근무하게 되었는데 고등학생인 둘째에게서 전화가 왔다.

"아빠, 오늘 과학시간에 아빠가 이야기한 나누기를 적용해서 문제를 해결했어."

"그래? 무슨 내용인데?"

"응. 요새 물티슈가 문제가 되고 있어. 물티슈에 살균제를 넣으면 살균제 때문에 사람에게 해롭고 살균제를 넣지 않으면 물이 썩어서 사람에게 해로워."

"그렇지."

"그래서 1회용 물휴지에 살균제를 넣지 않아도 되는 방법을 내가 발견했어!"

"어떻게?"

"바로 나누면 돼. 물티슈 안에 있는 물과 부직포를 나누면 돼. 그리고 사용하기 전에 물주머니를 터트려 섞은 다음 사용하면 문제가 해결돼."

"그렇지. 세균이 번식할 시간이 없지."

"응. 내가 이걸로 과학시간에 아이디를 냈어. 상을 준대."

"하하. 축하한다."

부직포	물

<1회용 물티슈>

Band Model로 정리해보자.

	공간 합치기	
시간 나누기 사용하기 직전 물과 배합	물티슈 살균제 해결하기	공간 나누기 물과 부직포의 공간을 나눔
	방법 합치기	

문제해결: 천자람 브랜드 개발 사례

영암 낭주농협에서 브랜드 컨설팅 의뢰가 접수되었다. '천자람'은 하늘의 기운으로 자라난 우리 농산물이란 의미를 담고 있다고 한다.

'천자람'이란 브랜드로 디자인을 할 예정이었다.

그런데 사람들은 '천자람'이란 브랜드에서 '영암의 청정한 하늘' 이미지를 떠올릴 수 있을까? 나는 좀 더 분명하게 의미를 전달하고 싶었다. 이때 머릿속으로 Band Model을 떠올렸다.

'무엇을 합치고 무엇을 나눌 것인가?'

하늘의 의미를 가장 잘 전달할 수 있는 것은 한자(漢字)이다. 天은 사람들이 한눈에 알아볼 수 있다. 그래서 처음 생각한 것은 '天자람' 이었다. 근데 이것은 오히려 '천자람'보다 더 못한 것 같았다.

그러다 문득 한 글자 내에서 한자와 한글을 합치면 어떨까란 생각이 들었다. 종이 위에 끄적거리다가 그럴듯한 글자를 만들었다.

바로 '天ㄴ자람'이다.

Band Model로 정리하면 다음과 같다.

	공간 합치기 한글 + 한문	
시간 나누기	**하늘의 기운으로 자란 농산물 〈천지람〉**	공간 나누기
	방법 합치기	

　통찰이든 창의적 문제해결이든 Band Model을 활용하는 것이 효
과적이다. 물론 모든 문제를 이 모델로 해결할 수는 없다. 그러나 귀
농과 6차산업의 각 단계마다 나타나는 문제를 빠르게 해결하고 응
급조치를 취하기에는 매우 적절한 모델이다.

문제해결: 사과 부가가치 높이기

　1991년 일본 최대의 사과단지인 아오모리 현에 엄청난 태풍이 왔
다. 이 태풍으로 수확할 수 있는 사과는 거의 남아 있지 않았다. 농
부들의 낙심이 이만저만이 아니었다. 이때 어느 한 농부가 아이디어
를 냈다.
　바로 '합격사과'이다. 엄청난 태풍에도 떨어지지 않은 사과! 떨어지
지 않는다는 것은 붙어 있다는 것이고 붙어 있다는 것은 합격한다는
것 아닌가? 사과나무 가지째 잘라서 수험생의 선물로 사과를 팔았다.

결과는 대성공이었다. 평소보다 몇 배의 수익을 올렸던 것이다.

우리나라에서도 합격사과를 판매하고 있다. 사과에 합격이라는 글자를 나타나게 하여 판매한 것이다. 그러나 생각보다 판매량이 많지 않다고 한다. 여러 요인이 있겠지만 가져온 스토리와 사과에 글자만으로 '합격'을 나타냈으니 '진정성'이 없었던 것이다.

진정성 있는 스토리를 만들어야 한다. 2016년부터 강의할 때 이 합격사과의 예를 많이 인용했다.

"1991년 일본의 모든 사람들이 태풍을 직접 눈으로 보고 뉴스로 듣고 해서 그 위력을 뼈저리게 실감했습니다. 이때 합격사과가 나타났으니 열광했겠지요. 선물을 받은 사람은 가슴이 뭉클했을 겁니다. 무시무시한 비바람에도 꿋꿋이 살아남은 사과를 보고 용기를 얻었을 겁니다. 나뭇가지에 붙어 있는 사과의 모습은 가히 충격이었을 것입니다. 그런데 우리나라에서 만들어진 합격사과는 단지 합격이라고 쓴 글자 이외에 합격과의 연계성이 거의 없습니다. 그래서 오랫동안 사랑을 받을 수가 없었던 것이지요. 제 생각에는 좀 더 연계성이 강한 스토리를 찾는 게 필요하다고 생각합니다. 가을에 결혼을 많이 합니다. 청혼할 때 사용할 프로포즈용 사과는 어떨까요? 몇 달 전부터 청혼을 결심하고 사과에 글자를 새긴 것이 갸륵하지 않을까요? 사과 5개로 표현할 수 있습니다."

선영아 / 사랑해 / 나랑 / 결혼해 / 줄래? /

"사과에 기업체 로고모양의 스티커를 붙이면 몇 달 뒤 사과에 로고문양이 완성됩니다. 그 사과를 기업체를 애용하는 고객에게 선물한다면 '진정성'이 더 크지 않을까?

<농촌을 살리기 위한 봉사활동에 참여한 직원들이 고객님을 위해 사과 한 알 한 알에 마음을 담았습니다. 앞으로도 우리 ○○기업을 사랑하고 응원해 주세요>와 같은 편지를 동봉해서 보내면 더 좋지 않을까요?"

2018년 장성군은 문자사과를 만들었다. 문자사과는 하트문양, 기업·로고, 합격문구 등을 넣은 사과를 말한다. 장성군은 사과에 합격 기원 등의 문자를 새겨 수학능력시험 전에 판매하거나 특정 기업체의 명칭과 로고를 새긴 홍보용 사과를 생산해 판매할 경우 일반 사과보다 높은 가격에 판매할 수 있을 것으로 내다보고 있다. (뉴시스 2018. 1. 15.)

```
┌─────────────────┐
│     공간 합치기      │
│    홍보물 + 사과     │
├──────┬──────────┼──────┐
시간 나누기  │  스토리 사과  │  공간 나누기
├──────┴──────────┼──────┘
│     방법 합치기      │
│      봉사활동       │
└─────────────────┘
```

문제해결: 교량 건설

얼마 전 TV 다큐멘터리를 시청했다. 6·25전쟁 중 미해병 1사단은 함경남도 고토리에서 고립이 되었다. 중공군의 추격을 뿌리치며 힘겹게 남하하는 중 유일한 통로인 협곡 위의 다리가 폭파된 것을 발견했다. 이때 공병대로 하여금 다리를 놓으라고 하고 뒤쫓는 중공군을 막아야 하는 절체절명의 순간이었다. 미군의 뒤를 따르던 수많은 피난민들의 모습도 보였다. 이 상황을 어떻게 해결해야 하나?

공병이 다리를 어떻게 만들 수 있을까? 차량이 건널 수 있는 튼튼한 다리를 만드는 일은 중공군이 없더라도 상당기간이 소요될 것이다. 너무 추워서 시멘트를 만들 수도 없다. 여러분이라면 어떤 방법을 사용할 것인가?

다큐멘터리에서는 어떤 병사의 제안으로 이 문제를 해결했다고 한다. 바로 조립식 다리를 낙하산으로 공수하는 것이다. 세계 최초로 거대한 다리를 만들 수 있는 다리의 각 부분들이 낙하산으로 투하되었다. 공병(工兵)들은 낙하된 다리의 부분을 하나씩 조립하면서 단시간에 교량공사를 완성했다.

만약 수송기나 조립식 다리가 없었다면 큰 피해를 볼 수도 있었다. 평소 군용차량을 만들 때 차량을 해체하면 조립식 다리나 건축물로 사용할 수 있도록 했다면 조금이라도 도움을 받을 수 있었을 것이다. 시간 나누기와 공간 합치기의 사례가 될 수 있다.

다큐멘터리에서는 비행기에서 찍은 영상을 보여주고 있었다. 미 해병대가 협곡의 끝에 모여 있고 그 후미에서 무방비 상태로 놓여 있던 작은 까만 점들이 보였다. 아! 그들은 피난민들이었다.

문제해결: 차별화된 배달 서비스

낙하산 이야기가 더 있다. 호주 멜버른의 재플슈츠 이야기이다. 호주에서 재플은 샌드위치, 슈츠는 낙하산을 의미한다고 한다. 즉, 샌드위치 낙하산이다. 7층 샌드위치 가게에서 샌드위치 낙하산을 만들었다. 샌드위치 가게가 7층에 있기 때문에 소비자가 7층까지 잘 올라오지 않는다. 이 문제를 낙하산으로 해결했다. 주문을 1층에서 받고 샌드위치를 작은 낙하산에 달아 아래로 내려 보내는 것이다. 이렇게 문제를 해결했다.

핵심은 단순히 낙하산에 샌드위치를 내려 보내는 것에 있지 않다. 7층이라는 장소의 불리함이 무엇 때문에 유리함으로 바뀌게 되었나? 낙하산은 단지 도구일 뿐이다. 고객은 낙하산을 좋아하는 것이 아니라 새로운 놀이에 동참하는 것을 좋아하는 것이다. 이 놀이의 핵심은 '짜릿함'이다. 낙하산으로 내려오는 샌드위치를 받지 못하면 길바닥에 떨어진 것을 주워 먹어야 한다. 낙하산은 일직선으로 내려오지 않는다. 흔들흔들 내려오면서 어디로 떨어질지 예측하기 힘들다. 받기가 어렵진 않지만 이 과정에서 고객은 '짜릿함'과 '재미'를 느끼게 된다. 벽 모서리에 낙하산이 걸려 자신의 샌드위치가 대롱대롱 매달려 있는 것을 친구들의 도움으로 낚아챈다. 친구들이 환성을 보낸다. 작은 샌드위치 하나로 환호성이 울려 퍼진다. 이 샌드위치에는 '짜릿함'과 '재미'가 있다. 그래서 사람들이 모여드는 것이다.

'짜릿함'과 합칠 수 있는 것은 무엇일까? 아무것이나 가능하다. 자판기를 생각해 보자. 돈을 넣고 필요한 과자나 샌드위치를 선택하고 뒤로 두어 걸음 물러난다. 그러면 제품이 야구공 던지듯 공중으로 튀어 오른다. 이때 제품을 잡는 스릴을 줄 수 있다. 대포처럼 물건을 쏘아 올리는 자판기이다. 내가 구입한 제품을 잡지 못하면 땅에 떨어진 것을 주워 먹어야 한다.

	공간 합치기 자판기	
시간 나누기	**짜릿한 음식배달**	공간 나누기
	방법 합치기 재플슈츠	

제품이 하늘로 발사되기 전에 '3, 2, 1, 발사'라는 표시를 보여주면 좋을 것 같다. 두 명이 두 개의 제품을 동시에 받을 수 있도록 하는 것도 가능하다.

문제해결: 언론에 대한 대응

농협 쌀박물관에 근무할 때 일이다. 쌀 소비 촉진을 위해 매일매일 골몰하고 있었는데 조선일보에 당뇨병에 관한 기사가 크게 나왔다. 내용 중에 쌀밥과 면 종류가 당뇨병의 원인이 된다는 내용이 있었다. 댓글을 보니 '쌀밥 먹기 무서워요'라는 내용도 있는 것이 아닌가.

나는 분노했다. 이 일을 어떻게든 해결해야 한다고 생각했다. 어떻게 해야 하나? 홍보실에서 알아서 하겠지? 내가 무엇을 할 수 있을까? 나는 흥분하지 않고 침착하게 합치기와 나누기를 생각했다. 그러다 문득 기고가 생각났다. 신문기사에 대응하기 위해 '공간 합치기'로 신문기고를 생각해 낸 것이다.

	공간 합치기 신문 기고	
시간 나누기	**신문기사 대응**	공간 나누기
	방법 합치기	

주말 동안 자료를 준비하고 반박기고를 작성했다. 태어나서 처음으로 신문에 기고를 해 본 것이다. 어릴 때부터 그림을 좋아했고 글 쓰는 것은 정말 싫어했다. 그러나 마음이 절박하니 글이 술술 써졌다.

- 조선일보 기고내용 2012. 11. 14.

우리나라 당뇨병 환자와 공복혈당장애를 가진 사람들의 숫자가 1,000만 명이나 된다고 한다. 그리고 그 주요 원인으로 "당(糖) 성분이 많은 밥이나 면을 많이 먹는데다, 최근 급속히 뚱뚱해졌기 때문에 혈당을 조절하는 인슐린에 과부하가 걸린 탓"이라는 전문가 의견을 소개한 기사를 읽었다. 현대는 부족해서 문제가 생기는 것이 아니라 너무 넘쳐나서 문제가 생긴다는 말에 공감이 간다. 못 먹어서가 아니라 너무 많이 먹어서 문제인 것 같다.

그런데 한 가지 의문이 든다. 우리나라 1인당 쌀 소비량은 해마다 줄고 있다. 통계청 자료에 의하면 1980년 1인당 쌀 소비량은 132.4kg, 2005년 80.7kg, 2011년에는 71.2kg으로 최근 5년 동안 10% 이상 감소했다. 그러나 국민건강보험 자료에 의하면 최근 5년간 당뇨 관련 의료비는 연평균 12.4%가 증가했다. 1인당 쌀 소비는 줄어드

느데 왜 당뇨병은 증가하는가? 쌀 소비가 줄어드는 만큼 그 빈자리를 채우는 것은 무엇인가? 그것은 우리 건강에 이로운 것인가?

당뇨병 환자의 증가 원인은 다양하다. 현대인의 스트레스와도 관계가 있고 패스트푸드, 설탕, 시럽, 청량음료의 소비와도 관계가 있다고들 한다. 또 경제발전에 따른 음식물의 소비 패턴이 바뀌면서 변화하는 음식 섭취에 적응하지 못해서 발생하는 것이라는 견해도 있다. 많은 원인 중 왜 쌀밥이 선택되었을까? 당뇨병에 좋은 음식으로는 마늘·청국장·토마토·잡곡밥 등이 있다지만 사실 마늘이나 청국장만 먹을 수는 없다. 아무리 토마토가 좋아도 토마토만 먹고 1년을 버틸 수 없다. 잡곡이 좋지만 잡곡만 먹기는 힘들다. 잡곡에 쌀을 섞어 청국장과 함께 먹을 수는 있다.

우리는 쌀에서 대략 세 가지 측면의 도움을 받고 있다. 첫째는 건강이다. 쌀은 암·고혈압·비만을 예방하고 쌀 속의 '가바'라는 물질은 두뇌를 활성화한다. 둘째는 쌀을 생산하는 논이 있으므로 얻는 경제적 혜택이다. 홍수 조절 기능 등으로 1년에 약 56조 원을 절약한다고 한다. 셋째는 농업인들이 삶의 터전을 지키고 식량안보를 지켜낼 수 있게 한다.

올해 벼 재배 면적이 공식통계 작성 이후 가장 낮은 수준이라고 한다. 당뇨병을 예방하자는 좋은 기사가 벼 재배 면적 감소에 일조하지 않았으면 좋겠다.

- 이제구 농협쌀박물관 학예사

2

철저하게 준비하라

01

귀농·창농 시 이것만은 꼭 챙겨라

귀농, 창농 시 두 가지 준비물을 추천한다.

멘토와 사업계획서다. 사업계획서는 문제가 발생할 것을 예방해 주고 멘토는 주로 발생된 문제를 해결하는 데 도움을 준다. 가장 이상적인 것은 멘토를 만나 멘토의 조언에 자신만의 아이디어를 더해 사업계획서를 만들고 틈틈이 자문을 받는 것이다.

귀농이나 창농 관련 교육을 받으면서 귀농지역과 재배작목을 정하고 나면 그 분야의 멘토를 찾고 관계를 맺는 것이 중요하다. 성공한 농업인들은 대부분 배우러 오는 후배농업인을 잘 대해 준다. 그들에게 음료수라도 사드리고 존경심을 가지고 자문을 요청하면 좋다. 한 가지라도 더 알려주기 위해 노력할 것이다.

멘토 만들기

모든 부문에서 탁월한 사람은 없다. 멘토는 분야별로 선정하고 자문을 구하는 것이 효율적이다. 생산, 유통, 마케팅, 디자인, 가공시설, 자금 등으로 구분하면 더 효율적이다. 그리고 농업인, 지역농협,

농업기술센터, 시군 농정과, 농업기술실용화재단, 귀농귀촌센터, 농협미래농업지원센터, AT센터, 6차산업지원센터 등에서 자문을 얻을 수도 있다. 각 기관별 지원하는 부문과 컨설팅해주는 범위나 종류가 상이하기 때문에 자신에게 적합한 기관과 컨설턴트를 선정하는 것이 중요하다.

병원을 다니다 보면 자신에게 맞는 의사가 있다. 자주 가서 서로 알게 되면 주치의가 되는 것이다. 멘토도 자신에게 맞는 사람이 따로 있다. 끈기를 가지고 자문을 구하며 관계를 맺으면 멘토가 될 수 있다. 농민신문도 멘토가 된다. 농업 트렌드와 문제를 해결하기 위한 전문적인 자료들이 풍성하다. 네이버 밴드에 가입하거나 SNS를 활용할 수도 있다. 6차산업의 유형은 대략 다음과 같이 구분된다. 자신이 선택한 분야의 전문가를 찾는 것이 필요하다.

- 생산중심형: 1차농산물 생산이 핵심이고 가공이나 서비스는 부가사업인 경우
- 가공중심형: 가공상품의 개발과 판매가 핵심이 경우
- 유통중심형: 온·오프라인 유통이 핵심인 경우
- 관광체험형: 생산과 가공의 과정에 소비자 참여가 핵심인 경우
- 외식중심형: 생산, 가공, 외식이 동시에 이루어지는 경우
- 치유중심형: 기능성·약용농산물 및 치유목적 체험이 핵심

- 경기 귀농귀촌지원센터 가이드북 참조

사업계획서 작성하기

사업계획서는 시행착오를 줄여 준다. 컨설팅을 받거나 자문을 구할 때도 사업계획서를 활용하면 효율적이다. 사업계획서를 직접 작성해보면 앞으로 해야 할 일이 일정별로 정리된다. 사업계획서는 내가 보기 위해 만드는 경우와 남들에게 보여주기 위해 만드는 경우가 있다. 내가 보기 위한 사업계획서는 귀농이나 창업을 실천하기 위해 정보를 수집해 자신의 사업계획을 만드는 경우다. 간략히 만들면 된다.

<사업계획서>

□ **무엇을 할 것인가?**

□ **구체적으로 어떻게 할 것인가?**

1. 사업비 투자계획

내역	규 격 (단위)	단가 (A)	수량 (B)	사업비(백만 원)					
				계 (C=AXB)	정부지원			대출	자부담
					계	국고	지방		
기계									
시설									
기타									
합계									

2. 세부사업 추진 계획(육하원칙에 의거 상세하게 작성)
    what   무엇을 할 것인가? 유무형 제품의 차별화
    where 어디에서 팔 것인가? 유통매체 특성파악 및 선택
    when 언제 팔 것인가? 계절 마케팅, 택배시간 차별화 등
    who   누구에게 팔 것인가? 목표고객 분석
    why   소비자가 왜 사야만 하는가? 제공할 가치 표현
    how   어떻게, 어떤 방법으로 팔 것인가? 마케팅 계획

3. 자금조달 계획(백만 원)

조 달		상세하게 기술
항 목	금 액	
합 계		
·자체자금		
·외부차입		

4. 향후 사업계획
 - 대략 5년까지

5. 향후 5년간 매출계획

제품	1년차			2년차			3년차			4년차			5년차		
	수량	단가	금액	수량	단가	금액	수량	단가	금액	수량	단가	금액	수량	단가	금액
A															
B															

6. 향후 5년간 비용계획

지출항목	1년차	2년차	3년차	4년차	5년차
인건비					
장비 대여비					
홍보비					
계					

7. 향후 5년간 현금 흐름계획 (단위: 백만 원)

구 분		1년	2년	3년	4년	5년	비고
수입 (A)	현 금						
	융 자						
	보 조						
	매출액						
	계						
지출 (B)	인건비						
	농지구입						
	신축						
	기계구입						
	홍보비						
	계						
잔액 c =A-B							

8. 기 타

귀농해서 과일나무를 심은 농업인이 컨설팅을 신청한 적이 있었다. 농장에서 앞으로 5년이 있어야 과일을 수확할 수 있는데 지금 가진 자금이 다 떨어져 간다는 것이다. 미리 사업계획서를 대충이라도 작성해 보았다면 이런 실수를 줄일 수 있었을 텐데.

귀농해서 성공한 분들의 이야기를 들으면 처음부터 순탄하게 모든 것이 기대한 것처럼 잘된 경우는 매우 드물다. 농자재를 이웃에게 터무니없이 비싸게 산 경우, 가르쳐 준 그대로 따라했는데 내 농장에만 버섯에 곰팡이가 핀 경우 등 이루 말로 다할 수 없다.

성공한 사람들은 이때부터 밤을 낮 삼아 교육받고 인터넷으로 자료를 찾고 문제점을 해결하기 위해 눈에 불을 켰다. 그리고 의외로 교육과 지원이 많다는 것을 느끼고 그것을 최대한 활용해 문제를 극복한 경우가 대부분이다. 요즘에는 미리 귀농을 체험해보는 프로그램이 많으므로 사전에 사소한 것까지 철저하게 준비하면 리스크를 최소화할 수 있다.

다음은 사업계획서를 작성할 때 염두에 둬야 할 것이다.

무엇을 할 것인가

귀농에는 크게 1차농산물 생산을 위해 가는 길이 있고 1차를 기반으로 가공이나 체험을 연계하는 6차산업(농촌융복합산업)의 길이 있다. 모두 일장일단이 있다.

1차농산물만을 생산하는 경우

1차농산물 생산의 경우 농협조합원으로 가입하고 '공선출하회'[3] 가입, '원예 농산물수급 안정사업 참여' 등으로 안정적 판로를 기대할 수 있다. 농장의 규모가 어느 정도 있고 가격경쟁력이나 기술력을 갖추면 1차농산물 생산으로 생활이 가능하다. 그러나 작은 규모의 농업인 경우 자신만의 아이디어로 체험이나 가공을 연계해 부가가치를 올리는 수밖에 없다. 그리고 가격경쟁력이나 기술력이라는 것은 상대적인 것이다. 어느 날 대규모 스마트 팜(smart farm) 시설을 갖춘 농장이 우리 마을에 들어선다면 가격경쟁력과 기술력이 따라가기 어려울 수 있다. 1차농산물에 전념하더라도 6차산업을 염두에 둬야 하는 이유다.

6차산업에 종사하는 경우

6차산업을 생각할 경우 '무엇을 만들어 어느 곳에 팔 것인가?' 하는 문제를 해결해야 한다. 이를 위해서 먼저 유통을 잘 알아야 한다. 팔리지 않을 농식품을 잘 생산한들 무슨 소용이 있는가? 잘 만들 수 있는 것이 아니라 잘 팔릴 것을 만들어야 한다. 이를 위해 유통시장에서 정보를 얻을 수 있다. 앞으로 잘 팔릴 것을 찾기 위해서는 소비자를 주시해야 한다. 소비자가 원하는 것 이상 그 무엇을 찾아야 한다. 이 과정에서 귀농인(歸農人)들이 농민들보다 유리한 측면이 있다.

귀농인들은 농업으로 소득을 올려 생계를 유지해야 한다. 농업을

---

3) 농협과의 계약으로 계획생산, 공동선별, 공동계산의 실천을 의무화하는 조직.

통해 수익을 얻어야 생활이 가능해진다. 아무래도 기존 농업인에 비해 불리한 것이 많다. 농사기술도 부족하고 지역사회 커뮤니티도 부족하다. 직장생활을 퇴직하고 귀농하는 경우 체력도, 기술도, 경험도 부족한 상황이다. 그러나 도시생활자나 퇴직자들의 경우 비교적 기존 농민들보다 도시 소비자들과 네트워크가 상대적으로 우수하다. 그리고 오랜 도시 생활로 도시 소비자들에 대한 이해도도 높다. 귀농인의 강점을 극대화해서 귀농에 성공하는 방법이 필요하다.

- SNS를 통한 판로 개척으로 자신의 농산물을 다 팔고 지역 농산물까지 매입해서 판매하는 것도 가능하다.
- 마을기업을 조직하여 지역 유·무형자원으로 지역 문제를 해결하고 수익을 창출하는 것도 가능하다. 귀농인이 마을기업을 성공시키는 경우가 많이 있다.
- 가공사업을 통해 부가가치를 높이고 지역 농산물을 원료로 사용할 경우 지역 주민들과 윈-윈(win-win) 할 수 있다.

마을기업을 운영하는 경우

마을기업은 지역 주민이 지역의 유·무형 자원을 활용한 수익사업을 통해 공동의 지역 문제를 해결하고, 소득 및 일자리를 창출하여 지역 공동체 이익을 효과적으로 실현하기 위해 설립 운영하는 마을단위의 기업이다. 예를 들어 마을에 아직도 소(牛)를 이용해 써레질을 하고 쟁기질을 하는 농업인이 있다면 이들이 연합해서 쟁기, 써레질 체험 마을기업을 만들 수 있다. 육아를 하는 여성들이 모여서 공동으로 육아를 하면서 브런치 카페를 운영하는 마을기업을 만들 수도 있고 콩을 재배하는 농가가 모여 콩을 가공해서 판매하는 마을기업을 할 수도 있다.

마을기업은 기업성, 공동체성, 공공성, 지역성의 요건을 가져야 한다.

- 기업성: 마을기업이 지속 가능해야 한다. 지원자금을 마중물로 계속 기업이 운영되어야 지원효과가 유지되는 것이다.
- 공동체성: 마을기업의 출자자가 5인 이상이 되어야 한다. 모든 회원이 출자에 참여해 운영에 참여해야 한다.
- 공공성: 마을기업의 이익과 함께 지역사회 전체의 이익을 실현해야 한다.
- 지역성: 지역에 소재하는 유무형의 자원을 활용한 사업을 해야 한다.

마을기업 신청은 기초지자체(지역경제과나 사회적 경제과)로 문의하고 무료로 컨설팅을 해주는 지원조직(중간조직)의 도움을 받을 수 있다. 선정되면 3년간 약 1억여 원이 지원된다. 이후 판로지원 등 다양한 혜택을 받을 수 있다.

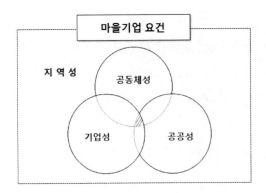

마을기업이든 6차산업이든 사업이 성공하면 지역 농업인들도 성과를 나눠가지게 된다. 귀농인들이 농사일에는 서툴지만 농산물 판매, 정부 지원금 신청, 농산물 홍보 등의 일은 더 잘할 수 있는 경우가 많다. 현지 농민들과 합심해 마을기업을 만들고 정부 지원금을 얻어 가공사업을 성공시키는 경우도 많다.

따라서 무엇을 할 것인가를 결정하기 전에 생산, 가공, 유통, 자금 모두에 대해 개략적이라도 알고 있는 것이 매우 중요하다.

다시 말하면 나와 관련된 유통이 어떤 상황인지 알면 어떤 것을 생산하고 무엇을 가공할지 결정하는 데 도움을 받을 수 있다. 유통 현장에서 서성이다 보면 내가 생산하려는 것을 어떻게 만들고 어떤 가격으로 팔아야 하는지 대략적인 답이 나온다.

작목 선택의 문제

'1차농산물만 생산할 것인가? 아니면 가공이나 체험을 연계할 것인가?'에 따라 작목이 달라질 수 있다. 작목에 대한 선정이나 재배에 대한 조언은 그 지역의 농업기술센터나 농민들에게서 얻을 수 있다. 가공이나 체험을 연계할 경우 판로나 시설, 투자금, 정부지원 등을 고려해야 한다. 부가적으로 필요한 수익, 취미, 적성, 건강상태 등을 고려해서 결정할 수밖에 없다. 단위면적당 수익이 높은 작목을 무작정 선택했다가 후회하는 귀농인들이 많다는 것을 염두에 둬야 한다.

1차농산물인 경우에는 작목반이나 지역농협, 공판장으로 출하하면 된다. 이런 경우 어느 정도 생산규모가 되어야 수익이 있다. 물론 기술을 습득하면 작은 규모에서도 높은 수익을 올릴 수도 있다.

그러나 이런 경우도 '하나로마트, 온라인 매장, 공판장, 백화점 등에서 나의 농산물, 나의 제품이 팔릴까?'를 항상 염두에 두어야 한다. 판매되지 않는 제품은 곧 쓰레기가 된다. 판매되더라도 인기가 없으면 가격이 매우 낮아질 수밖에 없다. 작목선택과 6차산업을 계획할 때 좀 더 체계화된 접근방법이 있다. 바로 SWOT분석이다. 기업뿐아니라 개인에게도 유용한 분석도구이다.

SWOT분석은 외부환경과 내부역량을 연계하여 경영전략을 도출하는 것으로 거의 모든 기업체에서 활용하고 있다.

먼저 외부환경을 기회와 위기요인으로 나누고 내부역량을 나의 강점과 약점으로 나누어 작성한다. 귀농인이 도시에서 어린이집 교사를 하시던 분이라면 다음과 같은 내용이 도출될 것이다.

S(강점)	W(약점)
말하고 교육하는 능력 스토리텔링 능력 SNS 활용 능력	농사기술, 경험, 지식부족 체력부족 지역민과의 협업부족
O(기회)	T(위기)
직거래 증대 차별화된 체험수요 증대	수입농산물 가축전염병 등 질병발생

<예: 귀농 예정인 어린이집 교사의 SWOT분석>

통상 SWOT분석의 결과 다음과 같은 전략을 수립한다.

SO전략: 자신의 강점을 가지고 기회를 살리는 전략
WO전략: 약점을 보완해 기회를 살리는 전략
ST전략: 자신의 강점으로 위험한 환경을 극복하거나 최소화하는
전략
WT전략: 자신의 약점을 보완하고 위험을 회피하는 전략

여러 가지 전략 중에서 자신이 가장 자신 있는 전략을 선택한다. 이 경우 SO전략으로 체험을 전문으로 하는 귀농전략을 세울 수 있다. 체험농장을 분석하고 직접 체험하면서 귀농을 체험과 연계하여 구상하는 것이다. 그러면 귀농지역과 작목 등을 선정하는 데 전략적으로 접근할 수 있다. 귀농교육도 체험과 연계된 것에 비중을 두고 지방치단체나 유관기관의 지원도 파악하면 많은 도움이 된다.

WO전략인 경우 자신의 농사기술을 보완할 전문가(농업인)를 가까이 두고 자문을 구해 약점을 보완하거나 비교적 재배가 용이한 작목을 선택하고 체험프로그램을 진행하는 것을 생각해 볼 수 있다.

귀농장소와 재배품목을 결정하는 데 관련된 요인은 다음 네 가지로 구분해 볼 수 있다.

귀농장소, 재배품목 결정요인

○ **지역(외부)요인**

- · 기술센터에서 나의 농산물을 가공할 수 있는가?
- · 도/시군의 지원내용은 무엇인가?
- · 주 작목 지역인가?
- · 체험객을 유치하기 유리한 장소인가?
- · 문화적 자원을 가지고 있나?
- · 귀농인들에 대한 현지 주민들의 인식은?
- · 마을주민들과 협업이 잘되는 곳인가?
- · 가까운 곳에 멘토가 있는가?
- · 농협, 작목반의 지원은 어떤가?
- · 지역 로컬푸드 등 유통매체 활용은 가능한가?

○ **귀농인(내부)요인**

- · 내가 좋아하는 지역, 작목인가?
- · 나의 마케팅, 생산 능력은 어떤가?
- · 나의 자본은?
- · 필요한 수익은 어느 정도인가?

○ **농업 외 요인**

- · 부동산 가격이 오를 것인가?
- · 부동산의 매매가 잘되는 곳인가?
- · 감성적으로 마음에 드는 곳인가?

○ 시간요인

- 지금 농업, 농식품, 체험 트렌드는 무엇인가?
- 앞으로의 작목, 지역전망은 어떤가?
  전망을 따라갈 수도 있고 과잉을 우려해 반대로 갈 수도 있다.
- 나의 활동기간은 얼마인가?
- 자녀들이 농업을 이어받을 것인가?

결국 이 4가지 요인을 잘 분석해서 품목과 귀농지역을 선정하면 된다.

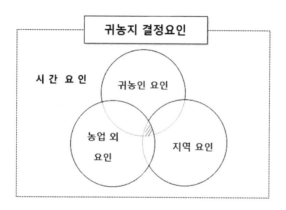

어느 지역으로 귀농하느냐의 문제

100시간 정도 교육을 받아야 귀농지원의 혜택을 받을 수 있다. 교육은 귀농귀촌종합센터를 이용하면 좋다. 먼저 온라인으로 교육을 받고 나서 자신에게 적합한 오프라인 교육을 찾아 수강하면 된다.

농업인력포털(www.agriedu.net)에 다양한 온라인 강의가 있다.

교육을 받으면서 지역별로 귀농자들에게 지원해주는 내용을 알아볼 수 있다. 정착금, 학자금, 농가 수리비 등 지역마다 지원내용이 조금씩 차이가 난다. 귀농인의 집도 있다. 귀농을 미리 체험해 보는 곳이다. 귀농생활을 미리 해보고 나서 귀농할 것인가를 결정하는 것이 좋다. 귀농지의 집이나 농지는 환금성이 약하므로 신중히 결정하는 것이 좋다.

귀농지는 주로 자신이 선택한 작목이나 시군의 지원내용, 마을사람들의 성향 등을 종합해서 결정하게 되는데 미리 귀농한 사람들의 정보도 중요하다.

만약 6차산업을 염두에 두고 귀농하는 것이라면 내가 가공하려는 똑같은 제품이 지역 농협에서 생산되고 있다면 그 지역은 재고해 보는 것이 좋다.

예를 들어 귀농해서 들깨를 키우고 그것으로 들기름을 만들어 나만의 브랜드로 팔려고 한다면 그 지역의 농협이나 생산자 단체가 들기름사업을 하지 않는 곳으로 귀농하는 편이 좋다. 차별화하기 힘들어져 가격으로 경쟁해야 하는 경우가 발생할 수도 있기 때문이다.

들깨를 생산하는 지역으로 귀농해서 들기름 가공사업을 통해 지역 농업인들의 들깨를 구매해주고 농협을 통해 판매해 매출을 올리면 모두에게 좋은 결과를 가져올 수 있다. 온·오프라인으로 판매처를 확대하고 마을관광이나 체험을 연계해 마을을 발전시킬 수도 있다.

어려운 일이지만 온라인 판매처를 가지고 있다면 충분히 가능한 일이다. 내가 생산할 들기름을 찾아줄 소비자 몇 명을 확보하느냐가 관건이다.

6차산업에 대한 이해

1차농산물에 종사하는 농업인인 경우 수익이 기대에 미치지 못하면 당연히 6차산업에 관심을 가지는 경우가 많다. 6차산업은 1차산업인 농산물에 2차산업인 가공, 3차산업인 서비스업을 겸한 것이다. 최근에는 농촌융복합산업이라고 표현하는데 같은 개념이다.

6차산업이란

6차산업 대표적인 사례로 밤(栗)의 부가가치를 많이들 이야기한다. 알밤 40kg에 2만 원인데 이것을 가공해 전분으로 만들면 8만 원, 다시 밤묵으로 가공해 식당에서 팔면 16만 8천 원이라는 것이다.

가공과 서비스가 포함되어 부가가치가 높아지는 것은 당연한 일이지만 전분, 밤묵으로 가공하는 문제, 가공한 것을 판매하는 문제를 해결해야만 가능한 일이다. 즉, 밤을 전분으로 가공해야 하는 문제가 있고 가공한 다음 판매해야 하는 문제가 있다. 또한 전분으로 밤묵을 만드는 문제가 있고 밤묵을 팔아야 하는 문제가 있다. 이런 문제들에 대한 인식 없이 단순히 수취가격만 생각한다면 큰 오산이다.

가장 큰 문제는 대기업에서 생산한 농식품과 기능적, 정서적 차이가 없을 경우 가격경쟁력에서 문제가 발생한다. 농업인들은 자신들의 제품을 수제명품이라고 생각하지만 소비자들은 가치를 잘 알지 못한다. 같은 유통매장에서 나란히 판매될 때 평소 많이 본 브랜드와 가격이 싼 제품이 선택된다. 그런데 아직도 한쪽에서는 가공품이 판매가 되지 않아 골머리를 앓고 있는데 다른 쪽에서는 똑같은 사업을 하려고 준비하는 농업인들이 많이 있다. 나만이 줄 수 있는 가치, 차별화된 가치가 있어야 성공 가능성이 높아진다. 6차산업 모형이 바뀌어야 한다.

그리고 지역농협에서 생산하는 똑같은 제품을 가급적 만들지 않는 것이 좋다. 농협과 비슷한 제품으로 경쟁하면 하나로마트나 온라인 시장에서 같이 만나게 된다. 어렵지만 나만의 제품, 나만의 이야기로 시작하는 것이 멀리 가는 비결이다. <u>차별화가 주변과 상생하는 비결이 된다.</u>

이를 위해서 바로 활용할 수 있는 도구가 Band Model이다. 며칠 전 이어령 교수가 '차별화'와 관련해서 TV에서 이렇게 이야기한다.

"360명이 한 방향을 쫓아 달리면 아무리 잘 뛰어도 1등부터 360등까지 있죠. 그런데 남들이 뛴다고 뛰는 것이 아니라 내가 뛰고 싶은 방향으로 각자 뛰면 360명 모두가 1등 할 수 있어요."

"<u>Best one이 될 생각하지 마라. Only one, 하나밖에 없는 사람이 되어라.</u>"

속도보다 방향을 강조하고 있다. Only one이 되기 위해서는 없던 것을 만들어 내야 한다. 어느 분야나 사람들이 줄을 서고 있기 때문이다. 나의 분야를 새롭게 만드는 일, 그리고 그 분야에서 소비자를 만드는 일은 창의성 없이는 힘들다. 귀농이나 6차산업인 경우 나만의 방향을 찾고 열심히 뛰었는데 아무도 없는 사막이 종착점이 될 수 있다. 자신만의 상품으로 시장에서 승부를 거는 사람들이 많지만 성공한 사람들은 극히 드문 것이 현실이다.

Only one을 위해 자신만의 방향을 찾아 뛸 때는 조금 뛰다가 서서 상황을 파악해 보고 다시 뛰는 것이 중요하다. 이 세계에서는 속도보다 방향이 중요하기 때문이다.

02

6차산업 개념 재정의(Re-definition)

6차산업 모델을 무작정 따라했다가 낭패를 보는 분들도 많다. 정부지원자금으로 가공시설을 설치하였다가 제품이 판매되지 않아 어려움을 겪는 것이다. 1차농산물을 판매할 경우 수익이 적을 수는 있지만 손해를 보는 확률은 높지 않다. 6차산업인 경우는 손해를 볼 수 있는 확률이 상대적으로 높다. 내가 생산한 1차농산물에 가공비를 투입하여 6차제품을 만들었으니 판매하지 못하면 손실이 늘어나는 것이다.

실제 어떤 제품을 만들어서 유통매체를 통해 판매했을 때 대박이 날지 아니면 판매가 어려울지는 전문가들도 확신하기 힘들다. 대기업 신제품이 성공할 확률이 30% 내외라고 하니 소규모의 농업인들이 생산하는 제품은 더욱 어려울 것이다.

조지프 파인의 책 『체험의 경제학』을 보면 6차산업과 매우 흡사한 모델을 제시하고 있다. 조금 변형시키면 리스크를 줄일 수 있는 새로운 6차산업의 모델로 적합하다.

커피 한 잔의 기준으로 원두는 3센트에 거래된다. 그런데 이 양을 가공해서 브랜드를 붙이면 10센트에 팔 수 있다. 다시 이것을 매점에서 커피로 만들어 팔면 1달러를 받을 수 있다. 여기까지는 6차산업

모형과 똑같다. 그런데 체험의 경제학에서는 제3의 공간을 체험하게 해서 스타벅스에서 5달러를 받는다는 것이다. 체험이 하는 새로운 가치를 제공하니 체험이란 말 대신 차별화된 가치로 바꾸면 된다.

조지표 파인 〈체험의 경제학〉

6차산업의 재정의 = 1차×2차×3차×차별화된 가치

즉, 집이라는 1차적 공간, 직장이라는 2차 공간, 그리고 집과 직장 이외에 무한정 인터넷을 사용할 수 있고 음악을 무료로 들을 수 있는 안락한 제3의 공간을 스타벅스에서 제공해 5달러의 상품을 만들 수 있게 되었다.

체험이라는 내용을 좀 더 깊게 알아보면 '새로운 가치를 주는 체험'을 말한다. 가치는 여러 가지 형태로 제공될 수 있는데 기능적(이성적) 가치와 정서적(감성적) 가치로 나눠 볼 수 있다.

첫째, 기능적 가치는 제품이 가진 차별화된 기능을 말하며 '굳지 않는 떡' 같은 제품 기능에 초점을 둔 것이다. 둘째, 정서적 가치는 스토리에 기반을 둔 감성적 가치를 제공하는 것이다. 전직 장관이 생산한 '고구마 말랭이'라면 기능보다 정서적 가치를 제공하는 것이라고 볼 수 있다. 공직자의 농업에 대한 사랑과 열정을 느낄 수 있는 고구마란 가치를 제공할 수 있다.

1, 2, 3차에서 소비자 지향적이면서 차별화된 가치를 구현하느냐 못 하느냐가 관건이다. 차별화된 가치를 만드는 방법은 두 가지이다. 바로 합치기와 나누기이다. '제품의 생산, 가공, 서비스에 무엇을 결합해 차별화된 가치를 제공할 것인가 혹은 무엇을 나누고 버릴 것인가?'를 계속 자문하고 시험해야 한다.

03

Band Model로 6차산업 성공하기

차별화, 왜 필요한가?

자신이 가진 유무형의 상품이 다른 제품에 비해 차별된 가치를 제공한다는 것은 가격으로 경쟁하지 않아도 된다는 뜻이다. 비교적 작은 규모로 농사를 지어 생산된 농산물로 부가가치를 높이려면 남들과 똑같은 제품으로는 한계가 있다. 같은 가치를 주는 제품이라면 가격이 싼 것이 팔리게 되고 대량으로 생산·가공하는 자의 원가를 따라갈 수가 없기 때문이다.

왜 차별화하는가?

주목하지 않기 때문이다. 사람들은 비슷비슷한 제품에 더 이상 집중하지 않는다. 제품이 비슷하다면 가장 가격이 저렴하거나 브랜드 인지도가 높은 제품을 선택하게 된다. 최소한 기존 제품과 다른 그 무엇이 있어야 '이건 뭐지?' 하고 쳐다보게 된다.

6차산업에 종사하는 농업인이나 가공이나 체험을 계획하고 있는 귀농인의 입장에서는 차별화가 필수적이다. 대기업 제품에 비해 가격도 비싸고 인지도도 없기 때문에 뭔가 다른 것이 필수적이다.

그리고 사람들은 기본적으로 정보의 차이만을 인식하는 경향이 있다. 뇌과학자 김대식 박사에 의하면 우리가 눈을 통해 보는 세상도 정확하지 않다는 것이다. 실제로 눈에 보이는 곳은 그림과 같이 실핏줄이 보이고 맹점이 있어 잘 보이지 않는다는 것이다.

그럼 어떻게 우리는 대상을 또렷이 보는 걸까? 보이지 않는 부분을 임의적으로 채워 넣는 것이다. 그러다가 갑자기 무엇인가 새로운 물체가 나타나면 즉시 알아차린다. 인지 자체도 차별화된 것만을 추구한다는 것이다. 푸른색, 녹색 천지인 정글에서 주황색 얼룩무늬 동물이 나타난다면 즉각 알아차린다. 우리의 눈 자체도 차별화된 것을 찾도록 진화되었다고 볼 수 있다.

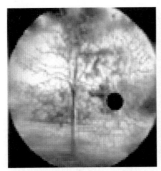 

<실제 보여야 하는 모습>　　　<우리가 보는 모습>

잘 보이지 않는 부분은 뇌가 스스로 알아서 채워 넣는다.
<u>차별화는 주로 2가지 부문에서 이루어진다.</u>

첫째, 제품의 기능이나 성분 등 이성적인 부문에서 차별화다.

가격이나 기능, 특허 등과 같은 것이다. 소비자가 좌뇌로 생각하는 것이다.

둘째, 감성적 차별화이다.

제품 디자인, 스토리 등과 같은 것이다. 소비자가 우뇌로 느끼는 것이다. 물론 둘 다 필요하다. 시장과 소비자의 특성에 따라 활용 가능하다. 문제는 나의 제품, 혹은 내가 만들려고 하는 제품을 어떻게 차별화하느냐가 중요하다. 이미 만든 제품이 기능적으로 차별화되지 않았다면 감성적 차별화를 시도해보는 것이 좋다. 감성적인 차별화는 주로 스토리중심으로 진행된다. 나의 스토리와 같은 농업인은 이 세상 어디에도 없다.

아래 그림을 보자. 누가 그린 그림일까?

반 고흐의 <아를의 붉은 포도밭>이란 작품이다. 그가 살아생전 판매한 단 한 점의 유화이다. 이 그림을 팔고 나서 얼마나 좋았을까? 이 생각을 하면 눈물이 난다.

아무튼 생전에 외면받던 고흐의 그림들이 그의 사후에 인기 있게 된 이유가 있을까? 2014년 기준 비싼 그림 100위 안에 고흐 그림이 7점이나 있다고 한다. 어떻게 고흐의 그림은 사라지지 않고 사람들의 사랑을 받을 수 있었을까? 바로 '스토리' 덕분이다.

고흐는 그의 동생 테오의 후원을 받고 있었는데 테오는 성심껏 형을 지원했다. 테오가 결혼하고 아이들이 태어나자 형에 대한 지속적인 지원은 힘들어졌을 것이다. 고흐가 사망하고 곧 동생 테오도 눈을 감는다. 테오의 부인에게 남겨진 것은 고흐가 그린 팔리지 않은 그림과 어린아이들뿐이었다. 그녀는 이 문제를 어떻게 해결했을까?

전문적으로 그림을 중계하던 남편(테오)도 팔지 못했던 고흐의 그림을 그녀는 무슨 수로 팔았을까? 그녀는 먼저 남편과 아주버니 고흐의 편지를 모아서 출판을 했다. 이 책이 인기를 끌자 그녀는 곧 전시회를 갖는다. 이렇게 고흐의 그림은 팔려나가기 시작했다. 그림에 이야기를 더해 그림의 진가가 나타나게 된 것이다. 책이 출판되지 않았다면 그림들도 팔리지 않았을 것이고 미술사에서 고흐의 이름은 없었을 것이다.

명작을 그리고서도 대중에게 인정받지 못하고 사라져간 화가가 많을까? 아마 많았을 것이다. 명품이지만 사라진 훌륭한 농식품들도 수없이 많다.

Band Model을 활용한 가치 차별화 전략

그럼 어떻게 차별화하고 어떻게 나만의 제품을 생각해 낼 수 있을까?
누구나 쉽게 할 수 있는 방법이 있다. 앞에서 설명한 Band Model
을 활용하는 것이다.

<가치 차별화 Band Model>

이 모델은 앞에서 설명한 것과 같다. 단지 모델을 활용하는 목적
이 차별화된 가치를 만드는 것에 있다. 6차산업을 중심으로 4가지
도구에 대해 살펴보면 다음과 같다.

공간 합치기

공간 합치기는 실제 공간이든 가상공간이든 공간상에 존재하는
무엇이든 합친다는 의미이다. 개념이나 기능, 스토리, 물건 등을 합
쳐서 새로운 기능과 효과가 나타나는지 알아본다는 의미이다.

일본 소프트뱅크의 손정의 회장은 젊은 시절 300개의 낱말카드를
만든 후, 매일 그중에 3장의 카드를 뽑아 임의로 뽑혀진 3개의 단어
를 조합하여 새로운 사업아이템을 만들어냈다. 이 방법을 통해 그는

1년에 250여 건의 사업아이템을 만들어냈다고 한다.

내가 생산하는 1차농산물, 혹은 6차산업 제품에 어떤 낱말을 계속 붙여보는 것이 가장 빠르게 새로운 사업아이템과 콘셉트를 얻는 방법이 된다.

	공간 합치기 고로쇠 수액 + 된장	
시간 나누기	**피아골 미선씨**	공간 나누기
	방법 합치기	

지리산 피아골에 전국 최연소 여성이장 미선 씨가 있다. 브랜드는 '피아골 미선씨'다. 이곳 제품 중에 고로쇠 된장이 있다. 고로쇠 수액을 사용해 된장을 만든 것이다. 지리산에 고로쇠 수액이 많이 생산되니 이것을 이용해 된장을 만드는 것이다.

피아골 미선씨는 된장의 재료로 최고급 국산 콩을 고집한다. 콩이오는 날에는 직접 콩가마니를 내리고 옮긴다. 환한 표정으로 자기 몸집보다 큰 콩 자루를 작은 어깨에 메고 창고까지 직접 나른다. 자신의 된장에 '정성'과 '애정'까지 합치는 것이다. 어떻게 그녀의 정성과 애정을 확신할 수 있나? SNS 때문이다. 사진과 영상으로 자주 보게 되면 확신할 수 있고 믿음을 가질 수 있게 된다.

naver	피아골 미선씨

낱말들도 공간이다. 언어를 이용해 재미있는 상품을 만든 사례도 있다. 바로 글자를 합치기하는 것이다. 예천에서 곶감을 생산하는 분이 있는데 곶감을 '곧 감'(곧 간다는 의미)과 '꼭 감'을 합쳐 재미있는 상품을 만들었다.

대학 입학시험이나 입사시험에는 '대학꼭감'과 '직장꼭감'을 선물할 수 있도록 했다. 개별 포장에는 '수능대박', '찍긴 왜 찍어 쉽구만' 등이 적혀 있다. 장가나 시집을 가는 고객을 위해 '장가곧감', '시집곧감' 상품도 있다. 개별포장을 보면 '이제 나도 품절남', '행복하게 잘 살게요', '신혼 커밍쑨' 등이 있다.

| naver | 노래하는 나뭇가지 |

방법 합치기

커피를 맛으로 마시는 사람도 있고 카페인으로 정신을 차리려고 마시는 사람도 있다. 그러나 커피를 좋아하는데 카페인을 섭취해서는 안 되는 사람(임산부, 환자 등)도 있다. 이들에게 커피를 제공할 수 있을까?

커피 맛 나는 작두콩차가 있다. 카페인을 섭취할 수 없는 분들을 위한 커피대용품으로 개발한 차이다. 카페인과 벤조피렌이 없는 안전하고 건강에 도움이 되는 비염과 갱년기 증상에 도움이 된다고 하는 작두콩을 로스팅해서 만든 차, '킹빈'이다.

킹빈 대표 김지용 씨는 항상 달고 살던 비염 치료를 고민하던 차에 작두콩을 알게 되었다. 그리고 관련 자료를 찾는 중 고서에서 '작두콩을 태워 가루를 내어 먹었다'는 기록을 보게 된다. 이어 작두콩의 효능을 연구하게 되고 상품화하게 되었다.

"순간 커피가 떠올랐습니다. 로스팅한 원두를 가루로 만들어 물과 함께 내리듯 작두콩도 로스팅해 물과 함께 내려보자. 작두콩을 볶고 내린 다음 맛을 보니 나쁘지 않았어요. 커피를 대신할 수도 있겠다는 생각이 들었죠."

이 세상에서 하나밖에 없는 커피 맛 작두콩차 '킹빈'의 탄생 순간이다.

	공간 합치기	
시간 나누기	**커피맛** **작두콩차**	공간 나누기
	방법 합치기 로스팅 + 작두콩	

처음 아이디어만 가지고 센터를 방문했다. 그 당시 열정에 찬 모
습이 아직도 눈에 선하다. 직접 컬러프린터를 이용해 시제품 상표를
만들어주고 센터 전시실에 커다란 작두콩과 함께 전시를 했다. 이
순박한 청년의 열정과 아이디어가 큰 열매를 맺어가고 있다.

naver	킹빈

공간 나누기

앞에서 이야기했지만 공간 나누기는 물건, 기능, 냄새 등 유무형
의 개념을 공간으로 간주하고 나누는 것이다. 딸기잼은 원래 설탕
50%와 딸기 50%로 만들어진다. 불문율이다. 이렇게 해야 잼이 된
다. 설탕의 비율이 낮으면 잼이 만들어지지 않는다. 그런데 어떤 농
민이 자신의 딸기는 당도가 매우 높은데 '굳이 설탕을 50% 넣어야
할까?'란 의문을 가지게 되었다. 그는 과감하게 자신의 딸기잼에서
설탕의 비율을 낮추기로 했다. 딸기의 당도에 따라 최소 설탕을 사

용해서 잼을 만들었다.

| naver | 땅사랑 딸기쨈 |

시행착오 끝에 설탕 25%, 딸기 75%인 유기농 딸기잼을 만들었다. 바로 '땅사랑 딸기잼'이다. 이 설탕비율을 조절하여 특허를 냈다. 딸기 맛이 가장 많이 나는 잼이 되었다. 자신의 잼에서 설탕을 25% 나누고 제외시켰다.

	공간 합치기	
시간 나누기	**땅사랑 딸기쨈**	공간 나누기 딸기쨈-설탕 25%
	방법 합치기	

소고기나 돼지고기는 부위별로 다르게 판매한다. 목살, 삼겹살, 등심, 갈비 등이다. 농작물도 부위별로 다르게 판매해야 한다고 생각하는 농민도 있다. 같은 사과나무에서 생산된 사과도 열매를 맺는 위치에 따라 맛에 차이가 있다. 그래서 사과나무를 부위별로 나눈 경우도 있다. 소비자들도 자신의 취향에 따라 특정한 부문에서 생산되는 사과를 원할 수 있다.

시간 나누기

다음은 시간을 나누는 방법이다. 예를 들어 과일즙을 만드는데 A, B 두 가지 즙을 섞으면 맛도 좋고 영양가도 높아진다고 가정을 하자. 그런데 섞은 다음에 시간이 지날수록 맛이 떨어지고 산화되는 정도가 빨라진다면 어떻게 해야 하나? 유통기간을 그대로 두고 소비자가 마실 때 금방 섞은 맛을 제공할 수는 없을까?

이 경우 시간을 나누면 된다. 병인 경우에 뚜껑을 열면 두 가지 즙이 섞이도록 만드는 것이다. 중간에 막을 친 다음 뚜껑이 열릴 때 중간의 막이 비틀어져 섞이도록 하는 것이다. 파우치인 경우는 중간에 막을 만들고 빨대를 꼽을 때 중간의 막이 뚫리도록 디자인하는 것이다. 그러면 소비자는 항상 방금 배합한 신선한 과일즙을 마실 수 있게 된다. 팔리지 않는 술을 그냥 보관하다가 '5년 숙성'으로 거듭나게 하는 것도 시간 나누기의 사례이다. 시간의 축에서 문제해결을 생각하는 것이다.

두 가지 이상의 도구를 사용한 사례

생강은 몸에 좋은 농산물이다. 그런데 생강에는 독성이 들어 있다. 이 독성을 제거하기 위해 발효를 시켜 만든 차가 있다. 본인이 직접 건강을 위해 이리저리 연구하여 특허도 받고 상품화에도 성공하고 건강도 되찾은 상품이다. '길따라 생강발효차'이다.

다음은 농민신문에 소개된 길따라 생강차 관련 기사이다.

9가구가 사는 조용한 동네에 있는 농가지만 매월 200명이 넘는 단골들이 이곳에서 만든 차를 주문해 마신다. 차를 직접 만들고, 별빛 아래에서 마시는 '별난 체험'을 하려고 찾아오는 사람도 적지 않다.

"전쟁을 해도 자기만의 무기가 있어야 합니다. 6차산업도 일단 제품 경쟁력이 있어야 체험 고객들을 불러올 수 있습니다."

2011년 창원으로 귀농한 유인회 대표(57)는 '발효생강차'라는 독특한 콘텐츠로 농산물 판매와 체험을 엮어내고 있다. 그가 3년 연구 끝에 개발한 발효생강차는 꿀에 절인 일반 생강차와 모양부터 맛·효능 모두 차이를 보인다. 생강과 단맛을 내는 천연 약초인 '스테비아'를 항아리에 넣어 일주일간 숙성·발효시키고, 그 후 또 일주일 동안 바람에 말린 뒤 손으로 빻아 고운 가루를 낸다. 모두 28개 과정을 거치는 제조방법을 2015년에 특허 등록했다.

유 대표의 발효생강차는 유년 시절 할머니가 끓여주던 생강차의 맛에서 비롯됐다.

"생강에는 약간의 독성이 있는데 발효를 하면 독성을 잡아준다고 알려져 있어요. 몸을 따뜻하게 해 면역력도 높여주고요. 발효차 자체가 드문 상황에서 옛 방법을 다시 복원하면 충분히 경쟁력이 있다고 판단했습니다."

우리 사무실 직원 중에도 이 발효생강차 애호가가 많이 있다. 감기 기운이 있으면 '길따라 생강차'를 마신다.

naver	길따라 생강차

<길따라 생강차 체험장>

○ 생강 – 독성 = 생강발효차

	공간 합치기 교육 + 공장 + 체험	
시간 나누기 겨울 / 미세먼지	**길따라 생강차**	공간 나누기 독성 제거
	방법 합치기 발효 + 생강	

결국 방법 합치기로 발효를 선택하고 독성을 제거하는 공간 나누기를 이루었다.

상추로 100억대 매출을 올리는 류근모 대표는 상추를 나눈다. 일반상추와 명품상추로 구분하는 것이다. "가장 맛있는 상추는 5월 6일 오전 10시에 딴 남쪽으로 자란 두 번째 이파리로 무게는 4.8g짜리 손바닥만 한 상추다."(『상추CEO』인용) 자신이 생산한 유기농 상추가 최고의 제품이라고 생각하지만 다시 일반상추와 명품상추로 나눈다. 장안농장을 학생들과 함께 방문했다. 귀농하려는 학생들에게 하는 류근모 대표의 조언이다. 귀농을 생각하시는 분들을 위해 메모해왔다.

나는 차를 좋아한다.
차를 마시는 것은 기도하는 것과 같다.
머리로 하는 기도는 헛된 것이다.
기도는 몸으로 하는 것이다.
농사를 짓는 것은 기도하는 것과 같다.
돈을 벌기 위해 농사를 시작하는 것은 어렵다.

나는 1년에 250여 권의 책을 읽는다.
성공은 평범한 일을 비범하게 해내는 것이다.
농사는 새로울 것이 없다. 단순하다. 신나는 일이 별로 없다.

다 갖춰지기를 기다리지 마라. 오히려 부족을 감수하라.
긍정이 필요하다. 농부는 좌절하면 안 된다.
축구선수가 골키퍼가 있다고 골 못 넣는 것이 아니다.

수십 년 전 지인의 부탁으로 소금을 팔아주기 위해 한 트럭을 구입했다.
20kg 1포에 8천 원짜리를 14,500원에 구입했다.
시중 가격이 8천 원이니 어디 가서도 팔 수 없었다.
항아리 바닥에 구멍을 뚫고 모두 항아리에 넣었다.

최근 소금 전문가들에게 보여줬는데 최고의 소금이라고 한다.
소금이 아니라 약으로 팔 수 있다.

무엇인가 새로운 일을 할 때 주변에서 반대한다.
반대는 자신들이 알고 있는 것만큼 반대한다.
많이 배운 사람일수록 많이 반대한다.

이 생각들을 Band Model로 적용해 보자. 농사와 기도를 '공간 합치기'하였다. 농사와 축구를 '방법 합치기'하였다. 소금은 '시간 나누기'의 대표적 사례이다.

naver	류근모와 열 명의 농부들

04

끊임없이 노력하고 체험하라

경기도 안성으로 귀농해서 '농업인 소득향상'을 위해 노력하시는 분이 있다. 바로 쌩떼의 서영심 대표다. 주변 농업인들이 어렵게 생산한 농산물의 부가가치를 높이기 위해 계속 노력하는 '열정passion'은 '미션mission'에서 나온다는 생각이 든다.

농업 6차산업화 현장을 가다

서영심 금광푸드영농조합법인 대표

참기름 등 간단한 것부터 시작

가공 + 체험 … 부가가치 높여 7농가 소득 '3배 이상' 껑충

17일 오전 찾은 경기 안성의 금광푸드영농조합법인(대표 서영심·사진) 매장. 공식 명칭은 눈에 띄지 않고 커다랗게 '쌩떼'라고 적은 간판부터 눈에 들어왔다. 프랑스어인가 싶어 서영심 대표에게 뜻을 물으니 "건강한 농산물을 제공하는 데 고집을 부리겠다는 의미에서 우리말 '생떼'를 변형한 것"이라는 답이 돌아왔다.

'쌩떼'는 대도시 근교의 대표적인 로컬푸드 성공사례로 꼽힌다. 매장 근처에 골프장이 있어 도시민들의 출입이 잦은 점을 활용해 직거래를 성공적으로 이뤄 내서다. 컨설팅 전문가들은 "대부분 조합원의 농지면적이 그리 넓지 않은데도 가공을 통해 소득 향상을 이뤄 낼 수 있었던 것은 인근에 대규모 소비처가 있었기 때문"이라고 분석한다.

귀농인인 서 대표는 2012년 마을 주민들과 교류하며 1년의 영농 준비기간을 거쳤다. 그해 말 1년 농사 결산을 해보던 서 대표 부부는 주민들의 월평균 소득이 100만 원이 채 되지 않는 현실에 경악했다. 서 대표는 "말로만 듣던 농촌의 처참한 현실을 마주한 순간"이라고 기억했다. 가공에 관심을 갖게 된 것도 그때였다. 부가가치 창출로 더 높은 소득을 내고, 농한기에도 안정적인 소득원을 만들어야겠다고 판단한 것이다.

서 대표는 콩을 원물로 판매하면 한 말(7kg)에 3만 원을 벌지만 메주를 만들어 팔면 9만~10만 원에, 간장·된장은 10만~15만 원에 판매가 가능하다는 점에 착안했다. 먼저 비교적 간단하게 시도할 수 있는 고춧가루·참기름 가공부터 시작했다. 안성시의 '소가공 지원사업'으로 가공장을 마련하고 주민들이 생산한 농산물을 '상품'으로 변신시켰다.

지금은 절임배추·손두부·한과 등 더욱 다양한 상품을 개발하고 체험까지 결합해 연중 안정적인 소득을 내는 구조를 만들었다. 2013년 설립된 법인은 이제 겨우 4년차에 들어섰을 뿐이지만 법인 소속 7농가의 소득은 세 배 이상 뛰었다.

서 대표는 "농촌이 어려운 것은 농산물의 품질이 떨어져서가 아니라 자본력·마케팅·기획력 등이 부족하기 때문"이라며 "아이템 선정부터 차별화된 서비스까지, 우리 농산물로 도전할 수 있는 분야는 무궁무진하다"고 말했다.

쌩떼는 또 농협과도 협력해 시너지를 내고 있다. 법인조합원들이 생산한 농산물만으로는 가공 수요를 맞출 수 없어 금광농협(조합장 정지현)과 제휴해 지역에서 생산된 쌀·배추 등을 공급받고 있다. 정지현 조합장은 "쌩떼는 귀농인과 주민이 융합해 창의적인 방법으로 농가소득을 올리고 있는 만큼 긴밀한 협력체계를 이어가겠다"고 말했다.

- 농민신문(2017.02.22.)

최근에는 쌀빵의 권위자에게 기술을 인수하여 쌀빵 생산을 준비하고 있다. 농업에 부가가치를 더하기 위해 끊임없이 노력하고 변신을 꾀하고 있다.

전시회나 교육장에 가보면 마케팅에 성공한 농업인들이 많이 보인다. 나는 그들이 얼마나 바쁜지 알고 있다. 딸기를 포장하기 위해 뛰어다니고 된장의 온도를 맞추기 위해 새벽에 일어나는 모습을 봐왔기 때문이다. 그들은 스스로 성공했다고 생각하지 않고 끊임없이 노력하고 새로운 것을 체험해 나만의 무엇을 만드는 것을 목표로 생활한다.

05

인프라를 활용하라

성장단계별 인프라 활용이 필요하다. 무엇을 하느냐에 따라 달라질 수 있지만 대부분 단계별로 인프라를 활용할 수 있다.

처음 <u>귀농을 준비하는 단계</u>에서는 귀농귀촌지원센터, 시군 농정과, 성공한 농업인, 농협미래농업지원센터 등을 활용하는 것이 좋다. 어느 지역에 어떤 지원이 있는지 알 수 있고 내가 정착단계에서 필요한 것들을 자문받고 지원받을 수도 있다. 귀농상담을 하면 그동안 자신이 쌓았던 경력은 전혀 생각하지 않고 농업만을 생각하시는 분들이 대부분이다. 자신의 경험과 특성을 살려 농업에 접목하면 좀더 차별화할 수 있고 수익원을 다변화시킬 수 있다.

<u>정착 후 단계</u>에서는 농협조합원으로 가입을 하고 농협의 계통조직을 이용하는 것이 좋다. 1차 농산물생산 및 판매에서 가장 많이 도움을 받을 수 있는 곳이다. 그리고 준비단계에서 만든 인프라도 적절히 활용하는 것이 좋다.

<u>안정화, 법인화 단계</u>에서는 가공이나 체험 등으로 분야를 확대해 가거나 영농의 규모를 늘리는 단계이다.

이때는 자신의 유무형의 상품을 브랜드화하거나 수출을 염두에 두는 것도 중요하다. 체험인 경우 외국인을 대상으로 하는 체험을

고려하는 것도 좋다.

　AT센터에서는 수출에 대한 지원을 한다. 수출상품화를 위해 다양한 지원들이 있고 자문을 받을 수 있다. 농업기술실용화재단에서는 가공을 원할 경우 국가의 특허를 빌려주는 일을 하고 있다. 이런 것들을 조합해 본인만의 상품을 만들어 시장의 반응을 살펴보는 것도 도약을 위한 한 가지 방법이다.

　다음 홈페이지를 검색해 자신에게 필요한 기관을 선정하고 활용할 수 있다.

특허청	농업인력포털	창조경제혁신센터
창업진흥원	농식품산업기술정보	한국농수산식품유통공사
농업기술실용화재단	한국농수식품CEO연합회	창업넷 청년창업지원센터
한국농촌경제연구원	한국벤처농업대학	소상공인마당
국립농산물품질관리원	농민신문 등 농업전문지	한국산업기술진흥원
축산물품질평가원	한국벤처캐피탈협회	나라장터 / e특허나라
한국식품연구원	농협미래농업지원센터	한국발명진흥회

3

성공하려면 상품화하라

—
'세상에는 뜨는 것과 가라앉는 것으로 나뉜다.'

— 영화 〈노아〉에서

세상 상품은 팔리는 것과 팔리지 않는 것으로 나뉜다.

01

6차산업 아이템 성공모델

상품화는 리스크가 크다. 대기업에서 신상품을 계속 만들어 내는데 성공률은 30% 내외라고 한다. 반드시 성공한다고 생각하는 제품의 70%는 시장에 정착하지 못하고 사라진다. 자신이 생각해 내고 개발한 제품은 더 좋게 보인다. 소비자들이 반드시 사용하게 될 것이란 확신이 든다. 그래서 새로운 제품에 대한 소비자 반응조사는 객관적으로 냉정하게 진행해야 한다.

'비타민보다 진통제를 팔아라'는 말이 있다. 이 말은 소비자가 꼭 필요한 제품을 만들고 파는 것이 효율적이란 이야기다. 사실 비타민은 당장 먹지 않는다고 큰일 나지 않고 몇 달 먹어도 크게 호전되는 것을 느끼기는 어려운 경우가 많다. 물론 진통제도 그 나름의 시장이 있다. 그곳에서 자신의 제품을 차별화해 시장을 개척하는 것도 쉽지 않다.

창업아이템 선정

창업아이템을 선정하는데 다음 4가지를 기준으로 판단해보는 것이 필요하다.

시장성이 있는가?

이 업종이나 제품이 성장기인가 쇠퇴기인가를 판단해야 한다. 이 제품의 시장규모가 커지고 있는가?

수익성이 있는가?

투자비용에 비해 수익전망은 양호한가? 손익분기점은 매출액은 얼마이고 언제 도달할 수 있는가?

상품성이 있는가?

고객의 입장에서 구매가치가 있는가?
원재료 조달과 공급의 편이성은 있는가? 회전율이 높은 상품인가?
경쟁제품과의 차별화나 독자적인 진입장벽(특허)을 가지고 있는가?

내부역량은 있는가?

자신의 적성과 능력에 맞는가? 제품에 대한 지식과 문제해결 능력이 있는가?
자금이나 마케팅 능력이 있는가?

시장성이란 타이밍이다. 시간의 관점에서 '지금이 창업 가능한 시점인가?'에 대한 답이다. 지금이 기회라고 생각하면 자신의 내부역량, 수익성, 상품성을 평가한 후 이 세 가지가 중첩되는 부분으로 선택지를 좁혀 나가는 것이 좋다. 아이템이 선정되면 생산까지 다음과정을 거친다. 농산물을 기반으로 하는 가공품이나 체험은 '비타민'

에 가깝다. 그래서 더더욱 어렵다.

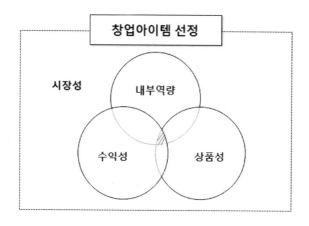

상품화 과정

성공 가능성이 있는 제품을 만들기 위해 다음 과정을 추천한다.

① 시장조사

② 아이디어 창출(Band Model 활용)

③ 시제품 개발, 안전성 검사, 시제품 생산

④ 소비자 반응 조사 -> 반응이 좋지 않으면 ①로 돌아간다.

⑤ 특허 출원

⑥ OEM 생산 및 마케팅

⑦ 자체설비

⑧ 대량생산 및 마케팅

① 시장조사

제일 먼저 관심이 있고 좋아하는 분야에 대한 시장조사가 필요하다. 기존 제품들을 조사해 봐야 내가 만들 제품의 위치를 알 수 있다. 차별화해야 한다고 이야기했는데 기존 제품을 알아야 차별화가 가능하다. 온라인, 마트, 백화점 등에서 제품의 트렌드나 소비자의 특성, 반응, 댓글 등을 통해 시장에서 어떤 것이 부상하고 어떤 것이 퇴출당하고 있는지 파악한다. 이때 소비자의 불만이나 건의를 통해 새로운 제품에 대한 아이디어를 얻는 것도 좋은 방법이다.

② 아이디어 창출(Band Model 활용)

Band Model을 활용해서 제품 아이디어를 창출한다. 그리고 기존 제품을 지속적으로 조사해서 계속 보완한다. 기존 제품의 단점이나 보완할 내용이 있으면 더 좋은 제품을 만들 수 있는 기회를 잡은 것이다.

③ 시제품 개발, 안전성 검사, 시제품 생산

자신이 직접 생각해 낸 아이디어에는 누구나 애정을 갖는다. 그러나 자신의 아이디어로 만든 제품이 소비자에게 선택받을지는 알 수 없다. 그래서 시제품을 통해 시장의 반응을 살펴보는 것이 매우 중요하다. TED 강연에서 어떤 연구자가 사업을 성공시키는 가장 중요한 요인을 조사했다. 자금도 기술력도 마케팅 능력도 아니었다. 바로 시기(timing)이었다. 사업을 시작하는 시기가 사업의 성패를 결정짓는 경우가 가장 많았다는 것이다. 이 시기(timing)는 소비자가 결정한다. 소비자의 요구에 때맞춰 제품이 나와야 한다. 너무 빨라도 안 되고 늦어도 안 된다. 소비자를 관찰하고 제품의 출시시기를 저울질하는 것은 통찰의 영역이다.

<u>시제품으로 그 시기(timing)를 확인할 수 있다.</u>

실제 6차산업에 종사하는 농업인을 만나면 자신의 제품이 최고라는 믿음을 가지고 계시는 분들이 많다. 내가 봐도 정말 좋은 제품들이다. 그러나 자신의 생각이나 특허로 자신이 만든 제품이기 때문에 더 좋아 보일 수 있다는 것을 항상 염두에 둬야 한다. 좋은 제품의 판단은 소비자가 한다. 최대한 잘, 감명 깊게 제품을 알려 구매하게 해야 한다. 그러므로 소비자의 반응이 매우 중요하다. 소비자의 반응이 좋아서 일단 제품을 생산했는데 판매가 잘 되지 않는다면 소비자 조사가 잘못되었거나 또 다른 내·외부 요인이 발생하였다는 것이다. 이런 여러 가지 문제를 해결하고 매출액을 늘리는 것은 문제해결의 영역이다.

④ 소비자 반응 조사

좋은 제품이 살아남는 것이 아니라 많이 팔리는 제품이 살아남는다. 조사를 하는 목적은 '이 제품을 생산할 것인가'에 대한 결정과 '생산한다면 어떤 부문을 어떻게 개선할 것인가'에 대한 답을 추구하는 데 있다.

⑤ 특허 출원

진입장벽을 만드는 문제이다. 나만의 아이디어로 제품화했는데 같은 아이디어로 대기업에서 대량생산을 해 저렴한 가격으로 팔아버리면 누구도 나의 제품을 사지 않는다. 특허 출원에서 주의할 점은 두 가지이다.

첫째, 자신의 아이디어를 공개하기 전에 특허를 출원해야 한다는 것이다. 비록 자신이 만든 아이디어일지라도 세상에 공개된 것이라면 특허등록이 어렵다. 논문의 경우 발표된 지 1년이 지나면 특허등록이 불가하다.

둘째, 특허를 출원한다는 것은 나만의 아이디어를 세상에 공개하는 것이다. 20년이 지나면 모든 사람들이 나의 아이디어를 활용할 수 있게 된다. 내가 공개하지 않으면 그 누구도 알아낼 수 없는 제조비법이 있다면 특허등록을 하지 않는 편이 좋다. 자손대대로 그 비법을 활용해 수익을 창출할 수 있으니까. 만약 식당을 운영하다 정말 맛있는 소스 만드는 방법을 알았다면 특허를 내지 않는 것이 좋다. 특허를 내지 않아도 경쟁업자가 소스의 맛을 재현하기 힘들기 때문이다.

특허는 자신이 개발한 것을 등록하는 경우도 있고 숙취해소 음료인 여명808처럼 집안 대대로 내려오는 비법을 활용하는 수도 있다. 특허를 출원하고 나서 각종 경연대회를 준비하는 것도 좋은 마케팅 방법이다. 전문가들로부터 평가를 받을 수도 있고 아이디어를 보완할 기회도 생기며 투자를 받을 수도, 수상으로 상금과 홍보를 한꺼번에 얻을 수도 있다.

⑥ OEM 생산 및 마케팅

처음부터 가공시설을 준비하려는 분들이 많다. 왜냐하면 설치비용은 많이 들지만 나만의 제품에 최적화된 가공시설이 있으면 편리하기 때문이다. 본인의 제품이 만들어지기만 하면 팔린다는 믿음도 깔려 있다. 그러나 변수는 많이 있다. 유통, 가격, 디자인 등에서도 예상하지 못했던 문제가 발생할 수 있다.

OEM(주문자 위탁생산)은 시장의 반응을 좀 더 큰 규모로 확인하는 절차이다. 위탁수수료가 발생하지만 일단 가공시설에 투자 없이 좀 더 넓은 지역에서 나의 제품에 대한 반응을 확인할 수 있다. OEM을 통해 생산하는 것은 어렵고 답답하고 힘들지만 가공공장 신축에 따른 투자의 위험을 줄여준다. 아직 귀농하기 전이라면 시군기술센터에서 내가 원하는 가공을 할 수 있는 곳을 찾을 수 있다. 무료이거나 저렴하게 이용할 수 있다. 귀농지역을 선택할 때 참고사항이다.

⑦ 자체 시설설비

자체 가공공장을 건립할 때 정부/지자체 지원자금을 잘 활용하는 것이 도움이 된다. 기술센터, 농협 시군지부, 시군 농정과, 6차산업 지원센터, 농림축산식품부 등에서 정보를 얻을 수 있다. 납품할 유통매체가 확정되었다면 그곳의 기준에 맞는 설계, 장부 등을 준비해야 한다.

⑧ 대량생산 및 마케팅

자체설비를 만들거나 증축을 위한 지원자금을 신청할 때 보통 사업계획서를 제출한다. 이때 자주 놓치는 것 중 하나는 생산량이 늘어난 만큼 마케팅 계획도 바뀌어야 한다는 것이다. 기존 위탁가공보다 생산량이 늘어나면 거래처가 늘어나야 한다. 또, 자체설비를 갖추면 대형마트 등에 납품이 가능해진다. 제품의 특성에 맞는 유통채널을 선정하고 세부계획을 수립하고 실천해야 한다.

충주에 있는 마을기업(예그린)에서 사과팝콘을 만들고 있다. 사과발효액과 팝콘을 합친 제품이다. '합치기'로 아이디어를 창출한 것이다. 처음에는 체험으로만 진행하던 것을 체험객들이 너무 맛있다고 상품화를 권했다. 시제품 체험을 통해 생산하고 소비자 반응까지 확인한 것이다.

그다음 특허를 출원했다. 처음에는 상품화할 수 없는 사과를 발효시켜 팝콘체험에 활용하던 것이었는데 반응이 너무 좋았던 것이다. 사과뿐 아니라 모든 발효액과 팝콘을 합치는 방법으로 특허를 등록한 것이다. 그다음 경연대회 시상금과 지원자금을 활용해 자체시설을 완공하고 마케팅을 진행하고 있다.

naver	충주 사과팝콘

디자인과 마케팅을 차별화하라

2016년 농가소득 5천만 원 달성을 위해서 농협 하나로마트에서 농업인들이 만든 6차산업 제품, 마을기업 제품을 대대적으로 판매하기 시작했다. 판매 초기에 주말을 이용해 수도권 마트에 가서 몇 시간을 관찰했다. 소비자들은 농업인들이 만든 수제명품인 6차산업 제품을 그냥 지나치고 있었다. 대부분의 6차산업 제품은 기존의 제품 디자인과 대동소이하였다. 감식초이면 감이 그려져 있는 모습이었다. 소비자들은 빠른 걸음으로 자신이 알고 있는 제품들 중에서 가격과 용량을 비교한 다음 원하는 제품을 사서 총총걸음으로 나간다.

마트를 운영하는 입장에서는 '공간'이 돈이다. 제한된 공간에서 팔리지 않으면 수익이 없다. 특별히 농업인들을 위해 일정 공간을 제공하고 판촉활동을 하고 있었지만 매출은 많이 발생하지 않았다. 이 모습을 보고 센터에서 지원하는 디자인 컨설팅의 방향을 정했다.

6차산업디자인 핵심요소

<u>첫째, '농부가 직접 만들었습니다'</u>라는 문구를 표시하게 했다.

둘째, 농부의 얼굴사진을 넣는다. 농부가 직접 생산한 농산물로 만들었다는 것을 멀리서도 알 수 있고 제품에 신뢰를 줄 수도 있다.

셋째, 농부의 스토리를 넣었다. 짧은 몇 줄이라도 가급적 스토리를 넣어 재구매를 유도했다. 물론 위의 세 가지 요소를 본인의 제품에 적합하게 다른 요인들을 합치고 기존 요인을 나누고 제거하여 자신만의 원칙을 만드는 것도 필요하다.

최초로 적용한 제품은 '군산새싹농원'이었다. 이분은 최고의 장아찌를 만들기 위해 가장 적합한 원료를 직접 생산한다.

naver	군산새싹농원

협의를 거쳐 이 제품이 어느 유통채널에 적합한 것인가를 먼저 예상하고 그 유통채널에 적합한 디자인을 제공하기 위해 노력했다. 다음은 시식을 권유했다. 시식하는 방법과 기간 등에 대해 이야기하고 그 결과에 대해서 서로 피드백을 주고받았다.

우리 팀원들이 디자인을 지원하고 판로지원을 한 제품들은 그렇지 않은 제품들보다 매출액에서 큰 차이를 보이기 시작했다. 2018년 한 해 컨설팅 팀에서 판로를 지원해 판매된 금액이 100억 원을 돌파했다.

『더 높은 가격으로 더 많이 팔 수 있다』란 책에서 다음 사례를 소개하고 있다.

"나는 마케팅 강연 때 여러 차례 이 조사를 실시한 적이 있습니다. 화면에 가격만 노출된 세 가지 사과사진을 보여주고 어느 것을 선택할지 물으면 80%의 사람들이 98엔짜리를, 20%가 120엔짜리를 선택했고, 300엔짜리를 선택한 사람들은 거의 없습니다. 그런 다음 POP가 붙은 사진을 보여주고 다시 조사해보면 98엔이 20%, 120엔이 40%, 300엔이 40%라는 결과로 바뀝니다. 보기에는 같은 사과라도 당도가 높다거나 무농약·화학비료를 사용하지 않은 '○○마을의 ○○씨가 만든 사과'라는 생산자 이름이 추가 정보로 덧붙여지면 우리의 선택은 크게 바뀝니다."

공간이나 시간적 환경에 의해서 내용은 조금 달라질 수 있겠지만 방향은 크게 다르지 않을 것이다.

하나로마트에 가면 농업인들이 직접 가공한 6차산업 제품을 쉽게 찾을 수 있고 시식도 한다. 꼭 한번 들러보시길 권한다. 이들 제품은 정말 그 농업인이 1차농산물 생산에서부터 가공에 이르기까지 정성

과 자부심을 가지고 만든 것이다. 이들 제품들이 하나로마트에서 파
머스투유(Farmers to U)란 브랜드에 모여 있다.

03

무형의 체험, 상품화하라

오늘날 한국에는 잘못되었지만 강력한 하나의 믿음이 사회를 지배하고 있다. 한국의 전통문화는 현대 한국사회와는 관련이 없다는 믿음이 그것이다. 이는 한국의 문화적 잠재력을 갉아먹는다.

- 이만열

무형의 상품 만들기

이어령 교수는 사회의 발전과정을 길이로 비유해 설명한다. 그의 통찰이다. 즉, 농경사회는 땅을 30cm 파서 씨앗을 뿌려 먹고 살아가던 시대라고 설명한다. 산업사회는 땅을 300m 정도 파서 석탄이나 광석을 캐 기계를 만들어 산 시대라고 규정한다. 정보화지식사회는 뇌와 마음속에 있는 자원을 활용하는 시대라고 정의한다. 미래의 자원은 땅속에 들어 있는 것이 아니라 바로 우리의 가슴과 머리에 들어 있다고 설명하면서 이 자원이 바로 문화적 자원이라고 이야기한다. 굳이 길이로 표현하면 3cm 될까? 그는 '한국에는 지하지원이 없다고 하지만 문화의 시대에 오면 일본이나 미국보다도 풍부한 문화

자원이 있다'고 역설한다.

　지금이 바로 문화의 시대이다. 우리만의 전통의 문화가 무형의 체험으로 어린이들에게 전승되고 그들이 이것을 더 성숙시킬 때 문화도 국가도 발전하는 것이 아닐까? 우리 문화가 주는 홍익인간의 숨결에 자긍심을 느낄 때 사회는 더 따뜻해지고 자비로워질 수 있지 않을까? 체험을 상품화할 때 문화가 들어가면 가치가 높아진다. 특히 우리 문화에는 인본주의적이고 창의적인 부분이 많다. 이런 특성을 찾아 자신의 체험프로그램에 녹여내면 차별화된 상품을 만들 수 있다. 체험은 운용하는 입장에서 매우 매력적인 분야이다.
　첫째, 상황에 따라 다르지만 비교적 적은 자본으로 체험을 시작할 수 있다. 쌀농사를 할 경우 논둑에 현수막을 설치하고 모내기 체험을 기획하고 진행할 수 있다. 둘째, 체험을 오는 사람들과 그 주변사람들에게 영향을 미칠 수 있다. 태어나서 처음으로 모내기를 체험해 본 사람은 평생토록 그 기억을 간직할 수도 있다. 그리고 그 주변인들은 체험객들이 올린 사진이나 스토리를 SNS를 통해 보게 된다.
　귀농인이 교육분야나 영업분야에 종사했던 사람이라면 체험을 염두에 두는 것이 좋다. 1차농산물만 생산할 계획이라도 체험(3차)을 염두에 두면 좋다. 그렇게 되면 귀농지역, 생산품목 등을 선택할 때 좀 더 신중해지고 리스크(1차농산물만 생산했을 때의 가격, 생산, 판매 등의 위험)를 조금이라도 분산시킬 수 있다.

체험아이템 선정 시 고려사항

어떤 체험을 상품으로 만들면 좋을까? 오랫동안 사랑받을 수 있는 체험을 만들기 위해서는 지속적인 노력이 필요하다. 고객은 한곳에 계속 머무르지 않고 새로운 것을 찾는 경향이 강하다. 체험아이템을 선정할 때 다음 사항을 고려해 결정하자.

첫째, 차별성이다.

우리 지역만의 고유한 것을 보여주는 것이 중요하다. 유형의 자원이든 무형의 자원이든 지역의 특성을 찾는 것이 중요하다. 지역만의 고유의 강점(Unique Selling Point)을 찾아 개발하는 것이 중요하다. 이것이 진입장벽이 되어 유사한 체험이 양산되어 공급되는 것을 막아주는 역할을 한다.

둘째, 효율성이다.

투자대비 성과가 좋아야 한다. 즉, 최대한 작게 투자하고 수익을 최대화하는 것이다. 자전거 체험인 경우 자전거를 비치하고 대여료를 받으면 된다. 운영비를 최소화할 수 있다.

셋째, 협동성이다.

마을 주민들, 유관기관과의 협조시스템이 중요하다. 체험과 관련된 지역민들의 불만을 빠르게 해결해 주고 체험의 성과를 공유하는 구조를 만드는 것도 유용하다.

넷째, 전문성이다.

유무형의 자원을 찾아 개발하고 체험을 진행하면서 얻어지는 결과를 피드백하는 전문성을 가진 리더의 역할이 중요하다. 리더는 수시로 발생하는 문제를 해결하고 마케팅을 기획하고 추진하는 체험의 주체이다. 외부 전문가(6차산업지원센터 현장코칭 등)를 활용하는 것도 바람직하다.

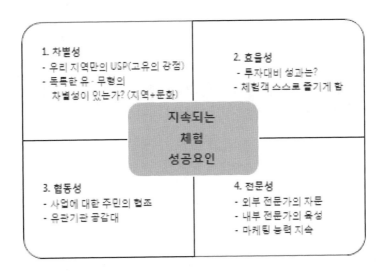

체험프로그램을 위한 TIP

· 사진 찍을 거리가 많아야 한다.
· 차별화된 체험, 나만이 줄 수 있는 가치를 찾자.
· 듣고 싶은 스토리를 예상하지 못한 곳에서 제공한다.

- 반가움과 미소는 항상 준비되어야 한다.
- 재미보다는 감동을 준다.
- 체험이 끝난 후 여운을 준다.

TIP 1 사진 찍을 거리가 많아야 한다.

체험장에 사진 찍을 거리가 많아야 한다. 체험객들이 사진을 찍어 스스로 SNS에 올리고 이것이 홍보가 된다. 가장 효율적인 것은 현수막이다. 현수막으로 방송국 모습을 만든 후 '아나운서 체험장'을 만들 수 있다. 5만 원 내외로 체험장을 하나 만드는 것이다. 폐농기계를 밝은 색으로 도색하고 놀이터로 활용해도 좋다. 이왕이면 전체 콘셉트를 생각해서 체계적으로 구성하는 것이 좋다.

TIP 2 차별화된 체험, 나만이 줄 수 있는 가치를 찾자.

짚신으로 마을기업을 만드시려는 분이 계셨다. 짚신을 만들 줄 아는 마을 주민들이 모여서 짚신 만들기 체험도 하고 집신을 팔기도 한다는 것이다. 마을에서 논농사를 짓고 계시는 분이 있어 그분이 생산하는 짚을 이용하겠다는 사업계획서를 본 적이 있다. 짚신을 직접 만들 줄 아는 분들은 많지 않을 것이다. 그러나 학생들이나 일반인, 가족들이 체험하려면 그 무엇인가가 더 있어야 한다. 초등학교 교과과정을 분석하여 신발과 관련된 것을 찾아 콘텐츠화하던지 아니면 창의성과 연계하여 체험을 진행하는 것이 좋다. 예를 들면 이렇다.

짚신은 바닥이 촘촘한 십합혜와 느슨한 오합혜가 있습니다. 선조들은 짚신을 왜 이렇게 여러 종류로 만들었을까요? 느슨한 오합혜는 빨리 떨어지지요. 그렇다면 왜 굳이 오합혜를 만들었을까요? 특히 봄에 오합혜를 많이 신었습니다. 스님들은 탁발하면서 이 오합혜를 나눠주었다고 합니다. 자, 오합혜는 봄, 여름에 사용했고요, 겨울에는 신지 않았습니다. 그리고 스님들이 적극 권장했습니다. 이것을 특별히 신은 이유는?

네, 바로 생명존중입니다. 개미나 애벌레 같은 벌레들이 밟혀죽지 않도록 한 것이 이유들 중 하나입니다. 까치밥이라고 아시나요? 선조들은 감나무에 감을 다 따지 않고 몇 개 남겨두어 까치들에게 간식을 제공했습니다.

또 무슨 이유가 있을까요? …… 네, 봄에 올라오는 새싹들을 모르고 밟는 경우 오합례가 더 좋겠지요. 또 무엇이 있을까요?

(보통 아이들은 답을 찾으면서 재미있어 하며 이때 창의력이 신장된다. 완전 엉뚱한 답을 이야기해도 '그럴 수도 있겠구나', '생각지도 못한 답이다' 하고 칭찬을 한다. 엉뚱한 대답이 체험을 활기차게 하는 경우가 많다.)

네, 그러면 오늘 특별히 오합례를 만들어보겠습니다.

(체험이 끝나고 스티커를 나누어준다.)

자, 여러분들은 이제 짚신공장 사장님이 되었습니다. 나눠준 스티커를 이용해서 이 짚신에 나만의 상표를 만들어 붙여봅시다. 사람들이 기억하기 쉽고 사고 싶은 생각이 들도록 한번 만들어 봅시다.

이렇게 매뉴얼화하면 좋다. 고학년일 경우 생명존중을 '그린피스'와 연계하는 것도 좋다. 또 수요와 공급, 상표권, 특허에 대한 내용을 이야기해도 좋다. 무궁무진하다.

TIP 3 듣고 싶은 스토리를 예상하지 못한 곳에서 제공한다.

파주에 있는 쇠꼴마을을 몇 해 전에 방문했지만 아직도 그때의 경험이 생생하다. 쇠꼴마을 촌장님(별명)은 항상 미소를 머금고 있고 활기차다. 촌장님이 농장을 안내하면서 올라가는 길에 길가에 심은 두 그루 보잘것없는 나무 앞에서 멈춰 섰다. 여기에 도대체 무슨 이야깃거리가 있을까?

> 촌장님: 체험 온 아이들에게 이렇게 질문합니다. '여기 보이는 두 그루 나무는 같은 날 심었는데 왜 이 나무는 잘 자라는데 저쪽 나무는 이렇게 잘 자라지 못할까요?'
> 다양한 답변이 나옵니다. 그러면 답을 이야기해 주죠.
> '이 나무는 거름을 주었고 저쪽 나무는 깜박하고 거름을 주지 않았다. 여러분에게 거름을 주시는 분은 부모님이다. 부모님에게 항상 감사하는 마음을 가져야 한다'고 하죠.

그냥 지나가는 길인 줄 알았는데 그곳에서 거름과 부모의 역할을 연계해 이야기할 줄은 꿈에도 몰랐다. 그리고 이 이야기를 듣고 아이들 뒤에서 미소를 떠올릴 학부모들을 생각해 보았다. 잘 자라지 못한 나무를 한 번 더 봤다. 이야기를 듣기 전에는 그냥 보잘것없는 손가락 굵기의 흔히 보는 나무였는데… 이야기를 듣고 한참을 바라보았다. 무슨 사연인지 모르지만 거름을 받지 못해 겨우 살아 있는, 힘들게 살아가는 나무가 안쓰러웠다. 그리고 문득 '나는 아이들에게 적절한 거름을 주고 있는가?'란 생각이 떠올랐다. 거름과 부모의 역할을 합치기한 이야기는 나의 가슴속에 오랫동안 여운을 남겼다.

조금 올라가니 오솔길에 작은 안내판에 사진이 붙어 있다. 들풀이 파헤쳐진 사진이었다. 이런 곳에 왜 저런 안내판을 세워둔 건가? 볼 것이 아무것도 없는데. 촌장님의 설명이 이어진다.

> 촌장님: 체험을 진행하는데 들개가 나타나서 자꾸 이리 오라는 듯이
> 짖는 거예요. 그래서 들개를 따라 이리 와 봤지요. 근데 여기
> 에 오니 마을 개가 목줄이 넝쿨에 걸려 움직이지 못하고 있었
> 어요. 며칠 동안 여기에 있었는지 주위 풀들이 파헤쳐지고 그
> 럴수록 목줄은 풀 넝쿨에 더 엉켜서 옴짝달싹 못 하고 개는
> 앙상하게 말라 있었지요. 제가 넝쿨을 풀어주고 나니까 그동
> 안 나를 지켜보던 들개는 사라졌습니다. 개들도 낯모르는 개
> 를 살리려고 그렇게 노력한 흔적을 사진으로 남겨 이렇게 체
> 험객들이 보도록 만들었습니다.

사람들에게 버림받은 들개가 주인공이다. 다른 개가 처한 위기 상
황을 알고 사람들에게 알려 구해보려고 한 들개의 마음이 가슴을 먹
먹하게 만든다. 들개가 없애야 할 대상이 아니라 구해야 할 대상이
라는 생각을 하는 도중 촌장님은 커다란 나무 아래 발걸음을 멈춘
다. 약간 높은 지대에 부러진 나무 한 그루만 있다.

> 촌장님: 이 나무는 보시다시피 부러졌습니다. 이렇게 크고 튼튼한 나무
> (은행나무로 기억됨)가 왜 부러졌을까요? … 벼락을 맞았나요?
> 아닙니다. 태풍에 부러졌습니다. 이번이 두 번째입니다. 처음
> 부러지고 다시 어느 정도 성장했는데 이번 태풍에 다시 부러
> 졌습니다. 여기가 우리 농장에서 가장 바람이 세게 붑니다.

그렇게 무심히 한마디 내뱉는다.

'어디에 뿌리를 내리느냐'가 이렇게 중요합니다.

바람이 불어오는 능선을 슬쩍 손으로 가리킨다. 모두 우리가 그냥 흔히 보는 풍경들이다. 이런 곳에서 예기치 못한 스토리가 번뜩번뜩 나타난다. 짧은 시간이었지만 촌장님의 삶과 스토리가 무수히 숨겨진 곳이 쇠꼴마을이라고 느꼈다.

naver	쇠꼴마을

위의 제품은 촌장님이 직접 개발한 상품이다. 쇠꼴 배와 홍삼으로 젤리를 만든 것이다. 체험객을 대상으로 판매를 한다. 오른편 아래 있는 내용이다.

아버지는 농업에서 길을 찾고 후계자 아들은 농업 옆에서 길을 찾는다.

'청송 해뜨는농장' 조옥래 대표님은 항상 웃는 표정이다. 사과와 사과즙을 판매하고 회원들을 상대로 팜파티를 개최한다. 팜파티는 팜(farm)에 파티(party)를 합친 개념이다. 도시민이 농장을 직접 방문해서 농촌의 문화를 느끼는 것이다. 앞에서 말한 것처럼 6차산업이 새로운 가치의 체험을 제공한다면 팜파티는 최고의 도구가 될 수 있다.

일 년 동안 자신의 제품을 구매해 온 고객을 초대하여 작은 파티를 여는 것이다. 농장을 보여주고 노래를 부르고 시를 읊고 사진을 찍는다. 이를 통해 도시 소비자와 가족이 되는 것이다. 가족이 된다는 것은 소비자에서 후원자, 응원자가 되는 것이다.

팜파티는 주로 품앗이 형태로 진행된다. 주위 농업인이나 지인들이 같이 참여한다. 누구는 식혜를 만들어주고 누구는 예쁜 장식을 해준다. 농업인들이 서로서로 팜파티를 도와주고 홍보해 주면 효율적이다. 모든 농가에서 팜파티를 위한 장식품을 가지고 있을 이유는 없다. 팜파티를 기획하고 도와주는 농업인들도 있다.

가장 효율적인 장식은 현수막이다. 저렴한 비용에 포토존을 만들 수 있다. 주로 방문하는 사람들이 어떤가에 따라 현수막을 만들면 된다. 소비자가 사진을 찍으면 주로 SNS에 올리고 그러면 우리 농장이 홍보된다. 팜파티는 농업인과 도시 소비자가 가족이 되는 행사가 되어야 한다. 미소로 맞이하고 넉넉한 마음을 줘야 한다.

TIP 5 재미나 기술보다 감동을 준다.

체험은 단편적인 지식이나 교과내용의 전달보다는 현장에서 무엇에 대해 보고 느끼게 해 '마음속 울림'을 주는 것이 효과적이다. 직접 체험하면서 본인이 느끼는 감정이나 경험은 평생 잊지 못하는 추억이 될 수 있다. 교실에서 줄 수 없는 그 무엇을 주어야 한다. 이것은 체험을 진행하는 농업인이 체험객들에게 무엇을 줄지 기획하고 연구해서 자신의 것으로 만들어야 한다. 아이들이 흥미를 느끼고 좋은 인성을 구성하는 데 도움이 되고 부모들이 좋아할 만한 내용을 자신의 체험과 버무리는 것이다.

쇠꼴마을의 경우 촌장님이 직장생활을 하다가 다시 돌아온 것은 장애가 있는 동생 때문이었다. 동생을 보살피기 위해 직장을 포기하고 파주로 돌아와 농사를 시작하고 지금의 쇠꼴마을을 만들었다. 시작부터가 감동이다. (그때의 모습을 사진으로 전시하고 있다.)

체험을 처음 시작하는 분들은 먼저 구상한 체험을 진행하면서 체험객들의 피드백을 활용해 내용을 지속적으로 수정하고 개선해 나가는 것이 필요하다. 완벽한 체험을 준비하다가 비용과 시간을 허비하고 소비자 반응이 좋지 않다는 것을 느낄 가능성도 많다.

TIP 6 체험이 끝난 후 여운을 준다.

쇠꼴마을에서 견학이 끝나고 사무실로 돌아오는 길, 자꾸 태풍에 부러진 나무가 생각났다. 비극적 영웅의 모습을 한 아름드리 은행나무는 겨우 몇 개의 작은 가지에 난 잎을 아직 간직하고 있었다. 바람이 센 자리는 피하는 것이 맞다. 지금 내가 있는 자리는 안전한가? 앞으로 가야 할 자리는 어떻게 될까? 나는 바람을 보는 눈을 가졌는가? 바람이 오는 길목을 알아차릴 수 있을까?

바람이 심하게 부는 시절에 온몸으로 바람을 맞이해야 했던 선조들을 생각해본다. 병자호란, 임진왜란, 일제36년, 6·25전쟁 등 시대적 바람을 마주해야 했던 수많은 삶들이 생각났다. 어쩌면 부러진 은행나무로 인해 그 뒤쪽에 있는 작은 나무들이 살아남은 것은 아닐까?

쇠꼴마을 체험은 촌장님의 이야기를 듣고 나면 보이는 아름다운 경관과 함께 긴 여운을 남긴다.

4

농식품 마케팅
이렇게 하라

—

'어차피 싸워야 한다면 장소는 우리가 정하자'

– 영화 〈분노의 질주〉에서 빈 디젤의 대사

01

제품과 유통매체의 궁합이 중요하다

'짚신도 짝이 있다'는 말이 있다. '작은 배역은 있어도 작은 배우
는 없다'는 말도 있다. 이순신 장군이 연전연승할 수 있었던 이유들
중 하나는 유리한 장소에서 싸움을 한 것이다. 나의 제품이 유통될
수 있는 적합한 장소를 찾아내고 그곳에서 환영받을 수 있도록 준비
하는 것이 중요하다.

귀농하는데 왜 유통을 알아야 하나

귀농하려면 모든 것을 알아야 한다. 생산, 유통, 금융, 정부지원
사업, 교육기관, 기술센터 가공시설 및 담당자, 농협은행 시군지부
정책대부계, 농약 담당자 등 많이 알면 알수록 도움이 된다. 문제가
발생했을 때 지원받을 수 있는 자원이다. 이것이 힘들면 이런 것을
잘 아는 사람을 알고 있으면 된다. 멘토가 필요한 이유다.

제품과 유통매체 짝짓기

농업인들이 무엇을 가장 힘들어 할까? 조사한 결과를 보면 판로를 가장 어려워하고 있었다(농협미래농업지원센터, 2017). 판로 29.8%, 자금 26.2%, 규제 20.8%, 기술 11.8%, 기타 11.4%로 나타났다. 생산은 어느 정도 되는데 판매하는 것을 가장 어려워하고 있었다.

나의 제품을 어디에서 팔 것인가?

농식품을 판매하는 유통매체마다 각각의 특성이 있다. 나의 제품에 가장 적합한 유통채널을 선택해 역량을 집중해야 성공할 확률이 높아진다. 물론 가장 좋은 것은 자신의 홈페이지로 전량 판매하는 것이다. 이 경우 수수료를 걱정할 필요도 없고 새로운 매체를 찾아 방황할 필요도 없다. 결국 자신의 고객을 홈페이지로 안내하는 과정이 필수적이다.

온라인 유통매체를 이용할 경우 지금 잘 판매되고 있더라도 언제 수수료가 조정될지 모른다. 유통매체에서 수수료를 올리면 그야말로 진퇴양난이 된다. 떠날 수도 없고 떠나지 않을 수도 없다. 그래서 나만의 고객, 즉 나의 제품을 신뢰하는 부족(Tribe 部族)이 필요하다.

> 부족(Tribe 部族)은 같은 언어를 사용하고 일정한 영역을 가지며 동질적인 문화를 가진 집단이라고 정의한다. 여기에서 부족은 나의 제품에 대한 역사와 스토리에 공감하고 응원하며 일정 주기별로 제품을 이용하고 애정을 가지고 있는 집단이라고 정의할 수 있다.

어느 나라에 살던 아이폰을 좋아하는 소비자는 아이폰을 구매한다. 이런 집단은 아이폰 부족이라고 할 수 있다. 6차산업을 시작할 때도 나의 부족(Tribe 部族)을 항상 염두에 둬야 한다. 내가 생산하는 제품을 연중 구매해 주고 나와 제품에 대한 소통을 즐거워하는 집단을 만들어야 한다. SNS로 한 달에 몇 번 소통하고 팜파티로 일 년에 몇 번은 농장에서 만나고 서로 기념일이나 주요 행사를 챙겨주는 관계를 지속하다 보면 부족이 생겨난다. 이 부족 구성원들은 내 제품을 신뢰하기 때문에 가격 때문에 부족을 떠나지 않는다.

6차산업인 경우 모든 유통채널에 가장 우선하는 것은 부족에 의한 직거래다. 이들이 있는 한 어떤 상황에서도 생존할 수 있다. 가족과 같은 소비자가 제품을 구매해 주니 이보다 더 좋을 수는 없다. 그러나 대부분은 직거래 외에 유통채널을 함께 이용한다. 이때, 나의 제품 혹은 내가 만들려고 하는 제품이 어느 유통매체에 적합한가를 찾는 것이 중요하다. 나에게 꼭 필요한 짝을 찾으려면 제일 먼저 상대를 관찰해야 한다.

판매채널은 크게 B2C와 B2B로 나눌 수 있다. B2C는 할인점, 백화점, 마트, 홈쇼핑, 단독슈퍼, 아울렛, 생협, 온라인 등이 있고 B2B는 학교급식, 가공공장 원료공급, 군납 등이 있다. 우리가 많이 이용하는 유통매체는 대략 다음과 같이 나눈다.

유통매체	온라인 매체: 홈쇼핑, 크라우드 펀딩, 농협몰, SNS 등
	오프라인 매체: 하나로마트, 신토불이 창구, 직거래 장터, 기타

온라인 유통채널을 이용하던 오프라인 유통채널을 활용하던 O2O 마케팅을 염두에 둬야 한다.

O2O(Online to Offline)

온라인과 오프라인을 연계한 마케팅이다. 카카오택시가 대표적이다. 농식품에서는 마트에 입점할 때 온라인으로 홍보하여 온라인 고객들을 오프라인(마트)에서 만나고 제품을 판매해 매출액의 획기적 증대를 가져오기도 했다. 어떤 유통채널을 이용하든지 온라인을 활용한 마케팅은 필요하다.

6차산업에 있어서 SNS는 매우 중요하다. 어떤 유통매체를 선택하든 반드시 필요한 서비스이다. 페이스북과 카카오톡 등 모바일을 활용한 활동은 부족을 만들고 확대할 수 있는 거의 유일한 길이다. 부족은 가족과 같은 마음을 가졌을 때 형성된다.

6차산업 SNS로 정복하기

부족을 만들기 위해 활용할 수 있는 매체는 주로 다음과 같다. 페이스북, 카카오톡, 블로그, 카페, 유튜브, 인스타그램, 트위터 등이다. 이런 채널들을 활용해 결국 자신의 홈페이지를 방문토록 유도해야 한다. SNS에서는 주로 청년 농업인들의 역할이 대단하다. 페이스북에 글을 쓰면 수백 명이 '좋아요'를 누르고 댓글도 무수히 달리는 스타 농업인들이 많다.

한번은 스타 농업인에게 직접 물어본 적이 있다.

"일하면서 어떻게 사진과 동영상을 그렇게 많이 찍어요?"
"아, 네. 일하러 갈 때 아예 삼각대를 준비해서 가요."

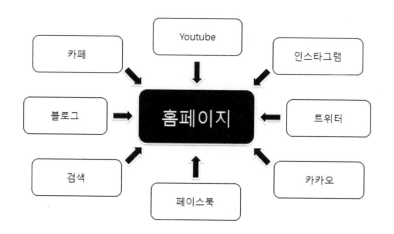

   SNS로 소통하기 위해 자신의 일상을 사진과 영상으로 남긴다. 그냥 만나면 '이렇게 고운데 진짜 농사일을 할까?' 하는 의문이 들 정도다. 이런 소통의 결과로 그녀는 그녀가 직접 농사지은 것을 가공해서 다 팔고 마을에 있는 할머니, 할아버지들이 생산하신 농산물도 가공해서 판매한다. 그녀로 인해 마을사람들은 비교적 비싼 가격으로 참깨, 들깨를 판매할 수 있다.
   농번기 때는 농사관련 내용을, 농한기 때는 마을행사나 봉사활동 등의 내용을 올린다. 어느 전시장에 가서 고등학교 교복을 입고 사진을 찍는다. 또 할머니들이 함께 교복을 입고 있는 사진을 올린다. 아하, 마을 할머니들을 모시고 전시회를 찾은 것이! 활짝 웃는 할머니들의

모습에 마을 어르신들을 위해 '효도여행'을 준비했구나 하고 느낀다.

그녀는 자신만의 이야기를 재미있게 정성스럽게 전해준다. 페이스북 친구들은 아마 가족처럼 느낄 것이다. 지금도 자신의 SNS 가족을 계속 만들어가고 있다. SNS의 장점 중 하나는 제품이 없어도 고객을 만들 수 있다는 것이다. 귀농을 준비하면서 준비하는 과정을 보여주고 소통하면서 부족을 만들 수 있다. 귀농, 창농의 과정을 보면서 더 신뢰할 수 있게 된다.

동영상 제작방법

아무래도 사진보다 동영상이 전달력이 강하다. 유튜브를 홍보의 수단으로 혹은 수익원으로 활용하려는 사람들이 많아지고 있다. 6차산업 관련 동영상을 만드는 데 필요한 방법들이다.

① 첫 화면에 집중하게 하라: 첫 화면에서 차별화된 장면으로 시선을 끌어라(이건 뭐지).
② 브랜드명을 노출시켜라: 제품과 함께 브랜드명을 노출시켜라.
③ 식품에는 움직임을 주어라: 시청자는 움직이는 것에 집중한다.
④ 클로즈업하라: 제품은 클로즈업으로 보여주는 것이 좋다. 체험인 경우 체험객들의 미소, 웃음을 가까이에서 잡아라.
⑤ 제품을 만드는 과정을 보여주어라: 농부가 직접 만듭니다!
⑥ 제품을 먹는 방법, 사용하는 방법을 보여주어라: 설명해 주는 영상을 만든다.

⑦ 농장을 보여주고 있는 영상: 농장주의 얼굴, 주변 풍경, 팜파티를 하는 장면 등 - 농장주의 얼굴(모습)은 제품에 신뢰를 준다.
⑧ 음향효과: 배경음악이나 체험객 웃음소리, 요리할 때 나는 소리 등을 활용한다.

영상을 제작할 때는 콘셉트가 중요하다. 팜파티하는 장면도 감성적으로 잡아야 한다. 상품을 먹은 방법을 설명할 때도 효과나 기능만을 이야기하는 것보다 감성적인 측면을 함께 표현하면 좋다. 좋아하게 되면 그냥 산다. 기능을 이야기하면 분석하게 되어 있다. 위의 방법들을 조합해 자신만의 차별화된 영상을 만들기 바란다.

네이밍과 마케팅

마케팅에 있어서 농장의 이름도 매우 중요하다. 진부한 브랜드로 마케팅을 하는 것이 힘들기 때문이다. 결국 소비자의 마음에 이름(브랜드)을 남기는 것이 마케팅의 목적이 아닌가. 농장 브랜드가 재미있고 뭔가 색다르다면 훨씬 유리하다. 농장 이름을 네이밍할 때 여러 가지 필요한 것들이 있지만 다음 두 가지가 가장 중요하다.

첫째는 차별성이다.

기존의 수많은 브랜드와 차별되는 것이어야 소비자가 인지할 수 있다. 경남 함양에 가면 '하미앙(Hamyang)'이란 유명한 와인밸리가 있다. 함양이란 고유한 지역명을 사용해서 브랜드를 차별화 시켰다.

둘째는 스토리다.

브랜드에서 남다른 스토리가 느껴져야 한다.

'배달의 민족' 광고를 처음 보고 우리가 배달의 민족이라는 생각이 어렴풋 났다. 그런데 광고에서는 말을 타고 뭔가를 배달하는 것 같았다.

'이건 뭐지?'

처음 광고를 볼 때의 느낌이 아직까지 잊히지 않는다. '배달의 민족' 못지않은 농업분야의 브랜드가 있다. '바람난 농부'이다. 처음에 이 브랜드를 보고 이런 생각이 들었다.

'이건 뭐지?'

'왜 농부가 바람이 났지? 누구하고 바람이 났나?'

'그럼 일은 누가 하나?'

주인공은 김제에서 8만 평의 논을 경작하고 있는 유지혜 대표이다.

"사람들이 저를 만나러 많이 오시는데 제가 집에 잘 없어요. 친구들을 만나러 자주 집을 비웁니다."

"그런데 누군가가 '왜 집을 자주 비우느냐? 혹시 바람난 것 아니냐?'고 하셔서 바람난 농부로 이름을 지었습니다."

그녀는 자신을 한마디로 잘 표현한다.

"저는 바퀴가 있는 것은 모두 다룰 줄 압니다" 하며 페이스북 영상에 집채만 한 트랙터를 능숙하게 다루며 일하는 모습이 종종 올라온다. 자신이 직접 생산한 쌀과 밀로 빵을 만들어 시장의 반응을 보면서 판매하고 있고 최근에는 체험장을 오픈했다.

전시에 사용한 '바람난 농부'의 스토리다.

농업과 사랑에 빠지다.

고향 김제에서 8만 평의 쌀, 밀농사를 짓다.

쌀과 밀의 가치를 높이다.

내가 생산한 쌀과 밀로 쌀쿠키, 쌀빵을 만들다.

naver	바람난 농부

02

유통매체별 특성을 고려하라

 하나의 유통채널보다 다양한 유통채널을 가지는 것이 힘들긴 하지만 안전하다. 앞에서 SNS의 중요성을 이야기했지만 자신의 제품 특성에 적합한 유통채널을 개발하고 유지하는 것이 장기적인 관점에서 필요하다.

○ 오프라인 유통

구분	대형마트	편의점	백화점
상품 특성	다양한 상품군 브랜드와 가격중시	소량 편의품 소포장 농식품	고가, 고품질 디자인 우선
업체 마진	25~35% 내외	40% 내외	35~45% 내외
프로 모션	가격할인, 1+1 행사, 시식행사	증정행사(1+1 선호)	시식행사 선호 사은품 증정
상품군	가공류, 가정편의식	스낵류, 음료류	반찬류, 건강식품
특징	다양한 제품군이 충돌	매장수가 많음 일정 매출액 지속 발생	소량 고품질 기업에 유리
단점	경쟁제품이 많아 차별화 어려움	유행에 민감	디자인, 인력투입 필요

○ 온라인 유통

구분	SNS	오픈마켓[4]	홈쇼핑
상품 특성	개성 있는[5] 소포장 제품	대용량 편의품	명인, 특산품, 신지식인 등의 제품 선호
업체 마진	15~30% 내외	12% 내외	20~50%
프로 모션	가격할인	가격할인	가격할인, 사은품 증정
상품군	특산물, 기능성 농식품 스토리가 있는 제품	다양함	선호 상품군이 있으나 유행에 민감함
특징	차별화된 콘셉트와 소통 기술 필요	경쟁이 치열함	제작비용이 많음 제품을 미리 준비해야 함
단점	지속적 관리 필요	효과성이 낮음	재고물량 발생

※ <6차산업 융복합혁명> 및 유통매체 담당자 설문결과 참조.

홈쇼핑

홈쇼핑 론칭(출시)에는 조건이 있다. 일단 물량이 한꺼번에 많이 준비되어 있어야 한다. 즉, 방송 전에 수천만 원의 물량이 준비되어 있어야만 방송과 함께 주문을 받고 바로 발송을 할 수 있다. 물론 방송으로 판매되지 않으면 재고부담을 농업인이 가진다. 반품도 많이 발생할 수 있다. 또한 수수료율이 20%대를 넘어선다. 상생자금을 신청해 지원대상자로 선정되면 8%까지 낮출 수 있다. 홈쇼핑 담당자에게 문의 후 신청을 안내받을 수 있다. 주로 연초에 수수료를 보

---

4) 농협몰, 11번가, 인터파크 등 온라인 장터를 말함.
5) 개성은 기능적 측면과 감성적 측면을 말함. 기능에서 남다른 개성이 있든지 혹은 농업인이나 제품의 스토리에서 차별화가 있는지를 말하는 것임.

전하는 자금(상생자금)이 지원되니 미리 신청을 준비하면 도움을 받을 수 있다.

어떤 품목이 잘 팔릴까? 홈쇼핑 담당직원들도 정확히 모른다. 모두 잘 팔리지 않을 것이라고 생각하던 제품이 매진 행진을 몇 년 동안 지속한 경우도 있다. 그러나 대략 홈쇼핑에 적합한 품목은 따로 있다. 1차농산물이든 6차산업 제품이든 혹은 1차와 6차를 결합한 상품이든 홈쇼핑 담당자에게 자신의 제품을 직접 상담받아 보는 것도 좋다. 이후 상생자금 신청을 안내받고 홈쇼핑을 진행하는 것이 효율적이다.

홈쇼핑 직원들도 좋은 제품을 찾기 위해 전국을 헤매고 있다. 홈쇼핑은 시간을 파는 곳이다. 같은 시간에 얼마만큼의 매출을 올리느냐에 따라 성과가 결정된다. 하나로마트 같은 곳은 장소를 파는 곳이다. 제한된 면적에서 많은 매출을 올려야만 임대료를 내고 직원들 급여를 줄 수 있다. 시간과 장소는 온·오프라인 유통매장에서는 생명줄이다.

홈쇼핑 이용 시 검토사항

· 홈쇼핑이란 매체에서 선호되는 품목인가?
· 상생자금 신청이 가능한가?
· 나만의 차별화된 제품의 기능과 감성적 가치가 있는가?
· 상품 물량을 준비할 수 있는가?
· 재고가 많이 발생할 경우 해결책은 있는가?

· 반품이 발생할 가능성은 낮은가?

· 홈쇼핑 방송을 사전에 SNS 등으로 홍보할 방법이 있는가?

· 동시에 많은 주문을 받을 인력이 있는가?

크라우드 펀딩

크라우드 펀딩은 먼저 상품을 만들지 않고 아이디어로 상품을 만들 자금을 미리 조달하는 것이다. 즉, 집안 대대로 내려오는 방법으로 한과를 만들 예정이니 살 사람들은 미리 펀딩(자금을 투자하는 것)하라고 알리는 것이다. 그러면 사람들은 한과를 미리 사는 것이다. 그 자금으로 한과를 만들어 펀딩한 고객에게 만들어 보내고 자신은 일정 수익을 얻는 것이다. 이것을 '기부형(리워드)'이라고 한다.

만약 어떤 영화를 만들고 싶은데 자본이 없다면 이 또한 크라우드 펀딩으로 자금을 모으면 된다. 이 경우 영화표를 미리 팔면 '리워드'가 된다. 그러나 영화제작비를 미리 투자받고 나중에 영화가 흥행하면 그 수익을 돌려주는 것이 있는데 이것을 '투자형'이라고 한다. 크라우드 펀딩은 투자형과 기부형(리워드) 두 가지로 운영된다. 크라우드 펀딩은 자신만의 스토리가 있거나 차별화된 가치를 제공하는 6차산업 제품에 적합한 경우가 많다.

일반 온라인 매장이나 오프라인 유통매장에서는 같은 종류의 상품과 경쟁해야 한다. 대부분의 소비자는 가격과 용량을 비교한 다음 가장 저렴하고 지명도가 높은 것을 선택한다. 소위 수제명품이라고 하는 6차산업 제품은 대규모 시설에서 생산되는 대기업제품과 차별화 없이 전시되고 판매된다.

크라우드 펀딩에서 제품의 스토리와 가능을 설명할 충분한 공간이 주어진다. '스토리펀딩', '와디즈'와 같은 곳에서 기존에 펀딩된 상품들을 볼 수 있다. 펀딩된 금액도 실시간을 알 수 있다. 펀딩의 성공요인을 유추하고 예측해볼 수도 있다.

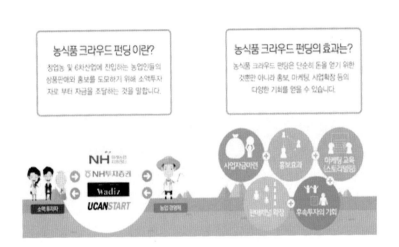

결국 크라우드 펀딩은 사업자금 마련, 소비자 확보, 투자유치, 제품 홍보를 동시에 얻을 수 있다. 그리고 이 과정에 참여하는 판매자는 크라우드 펀딩을 통해 새로운 분야의 마케팅을 배울 수 있다.

2017년, 가뭄이 심했다. 크라우드 펀딩 업체인 '유캔스타트'와 농협에서 가뭄에 힘든 농가를 돕기 위해 크라우드 펀딩을 진행했다. 가뭄을 극복한 감자를 크라우드 펀딩으로 미리 팔아주는 것이다.

최근에는 '해피빈'과 함께 크라우드펀딩을 진행하고 있다.

크라우드 펀딩 시 검토사항

· 제품에 대한 스토리가 매력적인가? (감성적 측면)
· 타깃 소비자들의 호기심을 불러올 수 있는 것인가? (이성적 측면)
· 시사성이 있는가? (예: 미세먼지 예방효과 등)
· 판매할 제품에 대한 안전성이 확보되었나?
· 펀딩 참여자와 SNS 소통을 지속할 수 있는가?

온라인 유통매체

네이버 등 온라인 포털에서도 온라인 시장을 연다. 온라인 장터를 만들어 생산자 소비자가 와서 서로 거래하도록 유도한다. 이 경우 경쟁이 치열하다. 같은 종류의 제품들 가격, 기능, 용량 등을 즉시 비교할 수 있다. 역시 가격이나 기능에서 차별화가 필요하다. 또한 브랜드 인지도가 높은 제품들 사이에서 선택받기는 쉽지 않다. 이런 경우 미리 계약을 해야 한다. 유통담당자들이 가공시설이나 재료, 원산지 등을 확인하고 기준에 맞아야만 계약을 한다.

대형마트

농협 하나로마트, 이마트 등 전통적인 오프라인 매체이다. 많은 분들이 자신의 제품이 하나로마트에 진열되면 잘 팔릴 것이라고 착각한다. 사실은 그렇지 않다. 6차산업 제품은 아직 소비자에게 생소하다. 잘 팔리는 제품도 있지만 잘 팔리지 않는 제품도 많다. 소비자들이 알아주지 않는 것이다. '파머스투유(famers to U)'란 이름으로 농협 하나로마트에서 수제명품인 6차산업과 마을기업 제품들을 판매하고 있다. 모두 엄선한 훌륭한 제품들이다.

귀농 후 10여 년 동안 개발하고 자신이 복용해 건강을 되찾은 발효생강차, 어릴 때부터 삶의 터전이었던 지리산 국립공원에서 채취한 고로쇠 수액으로 만든 간장, 된장 등이 판매되고 있다. 소비자들은 대부분 이들 제품을 공장에서 대량으로 생산되는 것과 가격을 비교하고 선택한다. 포장지는 허술하고 디자인은 촌스러울지 모르지만 정말 농업인이 정성을 다한 수제명품이 '파머스투유(famers to U)'란 이름 아래 모여 있다. 확인해보시기 바란다. 이곳에 있는 제품을 보고 '나만의 6차산업'을 구상할 수 있다.

<u>'마트'라는 오프라인 매장은 대부분 가격과 브랜드가 핵심이다.</u>
브랜드가 잘 알려지지 않고 가격이 높은 나의 제품을 어떻게 알리고 판매할 것인가?

첫째, 시식(試食)하는 것이 좋다. 시식을 하면 매출이 올라간다.
둘째, 온라인을 최대한 활용해야 한다. 홈페이지나 SNS를 활용해
    오프라인 입점을 알리고 제품을 홍보해야 한다. 온라인과
    오프라인을 연계하는 것이다.
셋째, '마트'라는 곳을 이해하고 활용해야 한다. 마트는 가격이 바
    로 비교되는 곳이다.

마트에서 소비자를 관찰해 보면 지역별, 마트 유형별 차이는 있지만 비슷한 행태를 보인다. 가급적 빨리 원하는 상품을 구매해서 빠르게 사라진다. 마트도 소비자들이 많이 찾는 제품을 가장 잘 보이는 곳에 두고 선택을 쉽게 하도록 유도하고 있다. 그리고 매장에서 조금이라도 더 시간을 보내도록 하기 위해 애를 쓰고 있다.

아무튼 소비자들은 상품구매를 매장에서 최종적으로 결정하며 구매품목의 70% 내외를 비계획적으로 구매한다고 한다. 사과를 사러 왔는데 햇복숭아를 세일하면 복숭아를 산다는 것이다. 그래서 매장에서 시식이나 홍보가 매우 중요하다. 과일인 경우 당도와 가격이 구매요인으로 많이 작용한다.

6차산업 제품인 경우 대기업 제품들과 나란히 진열되고 가격, 용량 등을 비교당할 수 있다. 대기업 제품은 대량생산체제를 갖춰 가격에서 경쟁할 수 없으나 농업인이 직접 생산하고 가공한 특색 있는 제품으로 이성적, 감성적 차별화를 할 경우 고정고객을 확보할 수 있다.

대형마트에서 프로모션 전략

지금부터 내 제품이 마트에 입점되었을 때 할 수 있는 프로모션 전략이다. 많은 방법들이 있지만 먼저 '시식을 통한 판촉활동'과 '매장 진열을 통한 판촉활동'이 있다. 진열만 잘해 놓아도 제품 스스로 판촉이 된다. 즉, 사람들이 제일 잘 보고 잘 사가는 곳에 제품을 진열하도록 노력하는 것이다.

첫째, 시식을 통한 판촉활동이다.

6차산업 제품의 특성상 시식행사가 중요하다. 먼저 알려야 하기 때문이다. 나의 제품이 수제명품이라면 고객에게 알려야 한다. 특히 마트에서 소비자는 눈에 익숙한 제품을 재빠르게 고른 후 가격을 비교해 제품의 구매를 선택한다. 처음 마트에 입점을 하면 시식을 통해 고정고객을 확보해야 한다. 일정규모의 매출이 일어나면 시식을 하지 않아도 매출액이 유지되는 경향을 보인다. 이때 새로운 곳에서 시식행사를 해 충성고객을 확보하는 것이 바람직하다.

· 사전준비를 철저히 한다.
· 홍보 멘트(말)를 미리 준비하고 연습한다.
· 아이들도 시식 대상으로 생각해야 한다.
· 3명 이상의 고객(함께 온 고객)을 잡아라.
· 소비자의 반응을 관찰하고 분석한다.
· 가장 중요한 것, 미소이다.

<시식행사 TIP>

(1) 사전준비를 철저히 한다.
먼저 매장을 미리 방문하여 고객층은 어떤지 동선은 어디로 이어지는지 파악한다.
위치는 고객들이 입장하는 메인 동선에 마주보고 하는 시식이 제일 좋다.
고객의 특성을 생각하면서 다음 사항을 하나씩 정비한다.
· POP를 어떻게 만들고 어디에 부착할 것인가?

- 시식도구 및 복장의 상태는 어떻게 할 것인가?
- 머리모양, 옷차림 등은 어떻게 할 것인가?

(2) 홍보 멘트(말)를 미리 준비하고 연습한다.

- 홍보할 가장 주된 멘트를 준비한다.

"미세먼지에 ○○효과가 있는 특허받은 배즙입니다. 미리 준비하세요."

- 비교적 긍적적인 답변을 한다.

"너무 비싸요." -> "수제명품입니다. 전통항아리에서 5년 숙성한 것입니다."

-> "원액입니다. 컵으로 따지면 한 컵에 200원입니다."

"너무 싼 것 아닌가?" -> "홍보 촉진을 위해 가격을 내렸습니다."

"1킬로예요?" -> "네. 1,000그램입니다"(1보다 1,000이 더 커 보인다).

"제품이 작은 것 같은데…" -> "유기농 생강차에는 ○○성분이 2배 많습니다."

(3) 아이들도 시식 대상으로 생각해야 한다.

아이들이 시식하고 있으면 당연히 부모가 따라온다. 아이들이 좋아하는 캐릭터를 활용하는 것도 좋다.

(4) 3명 이상의 고객(함께 온 고객)을 잡아라.

3명 이상이 시식을 하고 있으면 사람들이 많이 모여들 가능성이 높다. 무슨 제품인지 궁금한 것이다.

(5) 소비자의 반응을 관찰하고 분석한다.

소비자가 보이는 반응을 지속적으로 관찰하고 분석해야 한다. 처음부터 폭발적인 반응을 얻기는 어렵다. 신제품인 경우 더욱 그렇다. 다른 시식코너도 관찰하고 시식 후 반응을 다음 시식을 위한 데이터로 활용한다. 소비자가 의견을 제시하면 적극적으로 맞장구치고 나서 자신의 의견을 이야기해야 한다.

> "신맛이 너무 강한 것 같아요." -> "네. 그렇지요. 신장에 도움이 되는 ○○ 성분이 있어서 그렇습니다. 기호에 맞게 생수를 타 드셔도 좋습니다."

(6) 가장 중요한 것, 미소이다.

실제 시식을 해보면 맛은 비슷비슷한 경우가 많다. 대부분 판매원으로부터 제품에 대한 이야기를 듣고 '먹어 볼까?' 하는 마음으로 구매하는 경우가 많다. 이때 판매원의 미소가 중요하다. 활기차고 친절히 미소 짓는 사람에게 호감이 간다. 고객은 호감이 가는 판매원의 제품을 구매하는 경향이 높다.

둘째, 매장 진열(디스플레이) 전략이다.

- 포인트를 줘라.
- 연관된 제품과의 상생지역을 찾아라.
- 어렵지만 골든존을 노려라.
- 엔드매대(End zone)를 활용하라.

<디스플레이 TIP>

(1) 포인트를 줘라.

고객이 상품을 볼 수 있도록 전시하는 것을 디스플레이 혹은 진열이라고 한다. 진열은 보여주는 데 목적이 있다. '한눈에 알아볼 수 있게 진열하라'는 말처럼 잘 보여주는 데 목적이 있다. 여기에는 잘 보여주면 구매할 것이라는 가정이 전제되어 있다. 그런데 워낙 제품이 많으니 보여주는 것만으로는 부족하다. 요즘 영상물도 보여주고 홍보물도 창의적으로 진열하는 상품들도 많아졌다.

디스플레이는 어떤 목적을 가지고 상품을 배치하는 것이다. 상품이 가진 감성적 측면이나 새로운 관점 등을 염두에 두고 연출하는 것이다. 수박코너 앞에 커다란 화채를 놓아두고 밀짚모자나 튜브 등을 배치한 것은 해변에서 먹는 수박이라는 감성적 측면을 부각한 디스플레이라고 볼 수 있다. 진열보다는 내 제품의 특성을 포착한 디스플레이를 해야 한다. 물로 디스플레이를 할 공간이 있어야 가능하다. 기관지에 좋은 생강차, 배즙 등에 'anti-미세먼지'란 작은 홍보물을 제품 위에 놓아두는 것도 하나의 방법이다.

(2) 연관된 제품과의 상생지역을 찾아라.

주위에 진열된 제품들로 인해 덕을 보기도 하고 손해를 보기도 한다. 제품이 진열되는 위치는 마트직원이 정하지만 새로운 진열형태를 건의하고 아이디어를 제시할 수 있다. 대부분 제품종류별로 진열되지만 새로운 진열방법이 매출액에 도움이 된다면 마트직원들도 반대할 이유가 없다.

(3) 골든존을 노려라.

먼저 진열대에는 골든존(Golden zone)이 있다. 가장 좋은 위치를 말한다. 보통은 설치된 진열장에 제품들이 쭉 진열된다. 4단으로 되어 있는 경우가 대부분이다. 몇 단에 있는 제품들이 가장 잘 팔릴까? 4단일 경우 3단에 있는 제품이 전체 매출의 50% 내외 팔린다고 한다.

4단	제품 가 제품 가	매출 18%
3단	제품 나 제품 나	매출 47%
2단	제품 다 제품 다	매출 28%
1단	제품 라 제품 라	매출 7%

3단의 높이가 고객의 목과 가슴 사이에 위치하고 있어 가장 많이 눈에 띄고 따라서 가장 매출도 높다. 그래서 골든존(Golden zone)이다. 여기에는 함정이 있다. 매장 담당자들도 가장 잘 팔리는 제품을 3단에 비치한다. 매출액이 많을수록 수익이 많이 발생하는 것은 당연한 이치이다.

나의 제품이 처음부터 3단에 진열되기는 어렵다. 매출액이 상승하고 인지도가 높아지면 당연히 3단으로 배정해준다. 매장직원들도 많이 팔아야 월급을 받을 수 있다. 매대가 5단인 경우에는 4단과 3단이 주로 골든존(Golden zone)이다. 그리고 어린아이들 대상의 제품은 1단이나 2단이 오히려 골든존(Golden zone)이다. 어린이의 시야에서 가장 잘 보이는 위치이다.

(4) 엔드매대 / 엔드캡(End zone / End Cap)을 활용하라.

진열장 끝부분에 있는 모서리를 부문을 엔드매대 혹은 엔드캡이라고 한다. 같은 말이다. 이 부문에서 매출이 활발하게 일어난다. 이 매대에는 연관진열이 생명이다. 잘 팔리는 제품을 진열하되 연관 있는 상품끼리 진열해 매출을 올리는 곳이다. 사탕, 커피, 과자, 건전지 등 연관이 없는 상품을 진열하면 효과가 떨어진다. 항상 풍성하게 상품을 진열하고 연관 있는 제품, 즉 과자류면 쿠키, 초콜릿, 사탕류를 진열하는 것이 좋다. 내 제품이 엔드매대에 적합한지 파악하고 시식을 통해 매출이 오르면 이를 바탕으로 담당자에게 엔드매대로 옮겨달라고 하는 것이 바람직하다.

직거래장터

직거래장터는 소비자의 반응을 직접 확인할 수 있고 그들과 대화를 나눌 수도 의견을 얻을 수도 있는 곳이다. 직거래장터에 오는 소비자는 어느 정도 마음의 여유를 가지고 있는 경우가 많다. 직거래 고객을 자신의 단골고객으로 만드는 전략이 필요하다. 홈페이지를 안내하여 거래토록 유도하는 것이 바람직하다. 직거래장터에 가면 매출을 많이 올리는 스타 셀러(판매자)가 꼭 있게 마련이다. 이들을 관찰하고 벤치마킹하는 것도 중요하다. 이들의 특성이다.

첫째, 이들은 주로 그 장터의 성격에 맞는 제품을 가지고 나온다. 여름에는 시원한 식혜나 소포장 과일 등으로 소비자를 모이게 한다.

둘째, 적극적인 시식을 한다.

셋째, 눈에 띄는 옷이나 모자 등으로 시선을 사로잡는다.

넷째, 말이나 행동이 거침없다. 소비자의 반응에 따라 섬세히 움
직이는 것이 아니라 자신의 리듬을 가지고 소비자를 주도한
다. 냉담한 소비자를 만나도 위축되지 않는다. 미소를 잃지
않는다.

앞에서 이야기한 경기도 안성의 마을기업 '쌩떼' 대표를 관찰한
결과이다. 고객이 많지 않은 직거래장터에서도 최소 100만 원 이상
의 매출을 올린다. 농업에 대한 사명감이 투철하다.

naver	쌩떼

03

유통에서 생기는 문제 바로 해결하라

도난어기이圖難於其易 위대어기세爲大於基細

- 노자

'어려운 일은 어려워지기 전에 손을 쓰고, 큰일은 커지기 전에 해결해야 한다(시간중심 해석).'

'어려운 일을 할 때는 쉬운 것에서 시작하고 큰일을 할 때는 작은 것부터 시작하라(공간중심 해석).'

앞에서 나열한 유통매체를 통해 매일 엄청난 규모의 상품들이 쏟아진다. 나와 비슷한 제품들이 서로 경합하는 곳이다. 이곳에서의 문제는 나의 제품을 차별화할 수 있는 기회가 된다. 즉, 기존의 문제를 해결하면 나만의 유통, 마케팅을 선보일 수 있다. 이런 문제들은 즉시 해결해야 한다. 조금 지나면 기존의 프레임에 익숙해지기 때문에 처음 진입시점에서 문제를 해결하는 것이 가장 좋다.

유통매장의 사례

떡을 생산하는 작은 규모의 마을기업에 대해 컨설팅을 진행했다. 주로 가래떡을 생산하는데 맛이 훌륭하다. 직거래와 로컬푸드에서 월 2천만 원 정도 매출을 올리고 있었다. 떡의 특성상 차별화가 쉽지 않았지만 유통부문에서 차별화하는 전략을 사용하였다. <u>유통기한의 문제를 해결하면서 차별화가 된 사례이다.</u>

<u>다른 업체들이 유통기한을 늘리려고 할 때 오히려 유통기한을 줄였다.</u>

기존 떡 제품들은 진공포장으로 되어 있고 유통기한이 길었다. 이 마을기업은 진공포장으로 유통기한을 늘리는 대신 유통기한을 스스로 줄였다. 즉, 제품에서 진공포장을 분리하고 제거해 버렸다. 포장지를 손으로 묶어서 판매를 시작했다. 아침에 배달해서 판매하고 그 다음 날 아침에 전날 팔리지 않는 것은 회수해 갔다.

<u>소비자가 떡을 만졌을 때 따뜻함을 느끼도록 했다.</u> 새벽에 그날 진열할 떡을 만들어서 보온가방에 넣어 배달했다. 원래 가래떡은 방앗간에서 금방 나온 것을 먹었을 때가 가장 맛있다. <u>그리고 약 1달 정도 대표가 직접 시식행사를 진행했다.</u> 먼저 유통매장 직원들부터 시작해서 고정고객을 만들어 갔다.

• 유통기한을 줄임 -> 상품이 차별화됨 -> 새로운 가치 생성 -> 시식행사

매출액이 월 2천만 원에서 1억 원까지(500%) 상승하게 되었다. '아침에 만든 따뜻한 떡'으로 새로운 시장을 만들었다. 몇 가지 차별화를 통해 Blue Ocean을 만들어낸 것이다. 이미 제품을 만들고 있다면 그 제품을 유통시키는 단계에서 무엇을 차별화할 건지 유통매장의 직원들과 더불어 협의하고 자신만의 가치 차별화를 도모해야 한다. 앞에서 이야기한 Blue Ocean에서 사용하는 '4가지 액션 프레임 워크(기본 틀)'를 '호랑이가 살던 마을'에 적용해 볼 수 있다.

- Eliminate 제거: 진공포장
- Reduce 감소: 유통기간
- Raise 증가: 맛(따뜻한 떡), 시식행사
- Create 창조: 유통매장에 매일 아침 배달(1일 유통)

여기에서 중요한 것은 단순히 차별화만으로 성공한 것은 아니라는 것이다. 소비자의 욕구와 차별화한 내용이 서로 부응을 했다는 것이다. 그리고 매장에 서서 이 마을기업의 떡을 사는 사람에게 물어보았다. 5명 중 1명은 이미 인터넷을 통해 이 마을기업에 대해 잘 알고 있었다. O2O (Online to Offline) 전략을 잘 구사한 것이다.

<호랑이마을 입구 조형물>

마을사람들이 쓰던 폐농기구로 호랑이 모형을 만들었다.

이 마을기업의 떡 판매 사례가 블루오션이라고 하는 이유는 명절에만 주로 판매하는 '가래떡'을 연중 구매할 수 있도록 만들었다는 데 있다. 이 마을기업의 '가래떡'은 간식이나 점심 대용으로 자리 잡았다.

Band Model로 도식화하면 다음과 같다.

	공간 합치기	
시간 나누기 당일 배송	**차별화된 떡**	공간 나누기 진공포장 제거
	방법 합치기 O2O	

　기존의 제품에 '합치기'나 '나누기' 혹은 '합치고 나누기'를 통해 차별화된 가치를 생산한다. 이렇게 만들어진 제품을 소비자가 좋아할 수도 싫어할 수도 있다. 그래서 먼저 시제품을 만들어서 소비자 반응을 테스트해 본다. 이때 나의 제품에 적합한 소비자 집단을 찾으면 된다. 전 국민들이 내 제품을 좋아할 필요는 없다. 여대생, 성인 직장인, 초등생 등 자신의 제품에 적합한 대상을 찾고 시식을 통해 반응을 살핀다. 가능하면 물건을 대량으로 구입하는 바이어(구매자)나 유통매장의 판매직원들을 대상으로 자문을 구해도 좋다. 반응이 좋다면 진입장벽을 만들어야 한다. 즉, 특허나 상표권 등으로 다른 업체의 시장진입을 막고 OEM을 통해 제품을 생산하고 마케팅을 한다. 특허등록은 농업기술실용화재단에서 자문과 도움을 구할 수 있다. 심사 후 특허등록 비용을 지원받을 수 있으니 사전에 협의해야 한다.

　OEM으로 수요를 감당할 수 없을 때 가공시설 설립을 검토한다. 가공시설을 직접 운영하기는 힘들다. 그러나 어쩔 수 없이 설비를 갖춰야 한다면 지원을 받는 것이 리스크를 줄이는 방법이다. 지원은 주로 시군 농정과, 6차인증을 받은 경우는 6차산업지원센터, 소상공

인지원센터 등을 통해 나에게 맞는 지원자금이 있는지 알아본다. 자체가공시설을 보유할 때 대형유통매장 납품을 원한다면 그 유통매장의 기준을 미리 알아봐야 한다.

자, 호랑이가 살던 마을을 정리해 보자.

1) 먼저 새로운 가치를 주는 제품을 개발하거나 유통방법을 찾는다. 이 과정에서 '합치기'와 '나누기' 두 가지 도구를 사용할 수 있다. 유통과정에서 '시간 나누기'로 따뜻한 가래떡이라는 가치를 제공하였다.

2) 시제품을 생산하여 반응을 본다. 많은 사람들이 따뜻한 떡의 맛에 놀란다.

3) 진입장벽이 필요한가? 새벽 3시에 일어나서 그날 배송할 떡을 만든다. 이렇게 할 업체는 많지 않다. 새벽 3시 작업이 진입장벽이다.

4) 이곳은 처음부터 작은 가공시설이 있었다. 다행이 작은 규모로 투자비용을 최소화하였다.

5) 이 사업은 지리적인 영향을 받는다. 떡을 배달하는 시간이 오래 걸리면 효과가 감소한다.

현장프로모션 사례

대형 유통매장을 통하지 않고 아이디어로 유통의 문제를 해결한 사람이 있다. 유통은 반드시 유통매장에서만 이루어지는 것이 아니다.

경기도 양평의 한 농업인은 한과를 스토리텔링 마케팅해서 판로를 개척했다. 그녀는 한과 판로를 고민하다가 아이디어를 냈다. 1월 1일 일출을 보러 인근 산(山)에 온 사람들에게 한과 시식회를 전략적으로 연다. 이때 "누에고치 모양의 유과를 먹으면 한 해가 운수대통이다"는 스토리텔링 마케팅을 펼친다. 유과는 가벼워 등산하는 데 무리가 없다. 그리고 가격도 저렴하니 새해 첫 선물로도 부담이 없다. 그리고 말로만 '새해 복 많이 받아' 하지 않고 유과를 건네며 '유과 먹고 새해 복 많이 받아'라고 덕담을 건네기도 좋다. 등산객들에게 호응도가 좋아 불티나게 팔린다고 한다.

또 그녀는 한과에 카네이션을 합치기 했다. 매년 5월 어버이날에는 인근 군부대를 들러 카네이션이 담긴 한과를 납품한다고 한다. 장병들은 한과에 축하의 마음을 담아 고향땅 부모님에게 선물을 보내니 인기가 만점이라는 것이다. (『인문학에서 미래농업의 길을 찾다』 참조)

	공간 합치기 복(福), 카네이션	
시간 나누기 새해 등반	**한과**	공간 나누기
	방법 합치기	

5

우리가 몰랐던
지원자금

01

지원자금의 종류

 귀농하거나 농업에 종사하면서 받는 지원금에는 크게 두 가지 종류가 있다. 하나는 대출형식의 지원금이다. 금리가 저렴하지만 반드시 갚아야 되는 지원금이다. 다른 하나는 갚지 않아도 되는 보조금이다. 이 경우는 대부분 자부담을 요구한다. 일정부문 자부담을 부담하면 정부에서 지원되는 자금을 사용할 수 있다. 이때는 주로 자금이 지원되는 기준이 명확하며 사업계획서 등으로 평가를 한 다음 지원한다. 정부도 세금으로 지원되는 만큼 자금의 효과성을 추구한다. 특히 제조시설인 가공이나 체험, 관광을 위해 지원되는 다양한 자금이 있다. 시군 농정과나 6차산업지원센터 등과 같은 곳에서 지원자금의 규모와 종류를 공개한다.

 그러나 갚지 않아도 되는 정부지원자금을 잘못 이용하면 독이 된다. 내가 생산한 1차농산물을 판매하면 일정 매출을 올릴 수 있다. 직거래로 개인에게 판매하든 농협이나 작목반을 통해 공동출하를 하든 매출액이 발생한다. 이 경우 수익이 예성보다 낮거나 과잉생산 등으로 손해를 볼 수 있지만 판매는 된다.

 지원금을 받아 가공공장을 만든 경우에는 내가 생산한 농산물을 가공하여 제품을 만든다. 이 제품은 나의 농산물에 가공비까지 보탠 것

이다. 이 가공품은 하나도 팔리지 않을 수도 있다는 것을 명심해야 한
다. 이럴 경우 손실액은 눈덩이처럼 커진다. 1차농산물 생산·판매보
다 훨씬 리스크가 크다. 리스크를 줄이는 방법은 앞에서도 이야기한
것처럼 소량생산으로 시장의 반응을 보고 OEM을 이용해 좀 더 큰 시
장에서 판로를 확보한 후 자체 가공시설을 구비하는 것이 바람직하다.
물론 OEM 업체를 구하는 것도 힘들고 기술센터 가공시설을 활용하
는 것도 어렵다. 그렇지만 이런 과정을 통해 시장의 반응을 테스트하
고 미비된 것을 보완할 기회를 갖는 것이 중요하다. 농림축산식품부
사이트에서 매년 농업관련 지원자금에 대한 시행지침을 공지한다.

naver	농림수산업자 시행지침

먼저 자신의 갈 길을 정하고 시장의 반응을 냉철히 조사한 다음
그 분야의 지원자금이나 혜택을 살펴보는 것이 좋다. 1차농산물을
생산하면서 수익을 꽤 많이 올리던 농업인이 정부지원금을 받아 가
공공장을 만들고 '가공품'을 생산했으나 제품이 팔리지 않아 끝내
불량거래자가 되었다는 이야기를 종종 듣는다. 지원자금을 잘못 받
은 사례이다. 자신만의 아이디어로 제품을 만들고 시장의 반응을 확
인한 다음 지원자금을 받아 가공시설에 투자하는 것이 느리지만 안
전하게 가는 방법이다.

지원자금	대출형태의 지원금: 이자감면은 있지만 반드시 상환해야 함(융자자금, 투자자금)
	증여형태의 보조금: 상환의무 없음, 대부분 자부담 있음(보조금, 출연자금)

좀 더 구체적으로 지원자금의 내용을 알아보자.

종 류	내 용	반환의무
보조금	시제품 제작 등의 지원	없음
출연자금	R&D 자금 등 지원	성공 시 일부 반환의무
융자자금	이자감면 등으로 지원	있음
투자자금	수익을 목적으로 투자함	있음

무엇을 받아야 할까? 모두 활용하는 것이 좋다. 상황에 따라 모두 필요한 자금이기 때문이다. 정부 각 부처의 지원금 종류를 다 알기는 힘들다. 시군의 농정과에서도 잘 모르는 지원자금이 많이 있다. 나에게 적합한 지원자금의 종류를 알려면 이쪽 분야의 컨설턴트를 활용하면 된다. 같은 마을에서 6차산업에 종사하는 농업인들이 1명의 컨설턴트를 이용하면 저렴하게 나에게 적합한 정보를 얻을 수 있다. 자금지원을 위한 설명회를 별도로 개최하는 기관도 많이 있다. 품앗이 형태로 농업인 한 사람씩 한 기관을 담당해서 지원자금을 파악하는 것도 하나의 방법이다.

사업계획서

상환의무가 없는 보조금 형태의 지원에는 지원하는 대상자(농업인)에 대한 평가가 뒤따른다. 예산은 한정되어 있고 신청자는 많기 때문에 사업계획서에 대한 평가로 지원을 결정한다. 이때 주의할 점은 대략 두 가지이다.

첫째는 효율성이다.

효율성의 의미는 같은 규모의 지원이 있었을 때 더 큰 효과를 나타낼 곳을 지원한다는 것이다. 지원사업의 목적에 부합하는 결과를 더 많이 창출하는 혹은 창출할 것 같은 사업이 선택된다. 이를 위해서는 매출이 일어날 것이라는 확신을 주어야 한다. 매출은 특별한 기술이나 특허와 같은 고유한 능력을 전제로 한다. 누구나 쉽게 모방할 수 있는 사업은 장기적 성공을 장담하기 어렵다. 기술이나 특허가 업계로부터 인정받는 수준이라면 투자유치나 수출도 가능하다. 이런 실적이 있으면 지원사업에 선정되기 더 쉽다. 농업부문은 상대적으로 탁월한 기술 없이 독점권을 가질 수 있는 분야가 많다. 경연대회인 경우 시상금은 실제 사업에 쓰여야 한다. 그래서 구체적이고 실천적인 사업계획서가 필요하다. 시제품을 보여주고 소비자들에게 테스트한 결과를 제시하는 것도 좋은 방법이다.

기술/특허 → 투자유치 → 국내매출 → 수출 → 일자리 창출

둘째는 공익성이다.

효율성이 아주 높은 사업이지만 공익성이 약하다면 곤란하다. 농업을 한다는 자체가 공익성을 가진 것이다. 식량안보를 지키고 자연환경을 보존하는 일이다. 그렇지만 나의 사업이 주변 농업인들과 협조 가능하고 일자리가 많이 늘어나고 마을의 발전에 도움이 되는 사

업이라면 공익성이 높다고 할 수 있다. 현미를 발아시켜 나만의 건강식품을 만들었다면 다음과 같은 사업계획서가 바람직하다.

- 사업명: 애국현미발아
- 주요내용: 수입되는 건강보조식품을 국산 현미로 대체할 수 있다.
  예상되는 효과는 고용 ○○명, 농가수익 ○○백만 원 …

앞으로 인공지능이 더 발달하면 나에게 적합한 보조금, 인허가, 시장상황, 특허관련 정보, 대체품의 수입량 추이 등을 한꺼번에 메일로 받아볼 수 있을 것이다. 상추로 100억대 매출을 올리는 류근모 씨의 농장을 아침 일찍 방문했을 때 농장시설물 보수를 위해 용접을 하고 계셨다.

"저는 지원자금을 받아본 적이 거의 없어요. 농장에서 계속 생활해요. 놀아도 농장에서 놀지요. 지원을 받으려고 시간을 투자하는 것보다 나만의 사업을 구상하고 어떻게 하면 나의 상추를 더 좋게 만들고 더 많이 알릴까 고민합니다."

02

나에게 맞는 지원자금 찾기

앞에서 이야기한 성장단계별 인프라 활용이나 멘토선정 등과 같은 연장선상에서 나에게 맞는 지원지금을 알아보는 것이 중요하다. 이때 '죽음의 계곡'을 염두에 두는 것이 좋다. '죽음의 계곡'이란 자신의 아이디어나 기술로 사업화에는 성공했지만 이후 자금 부족으로 인해 시장진입에 실패하는 상황이다. 대부분의 신생기업들이 이

■ **창업기업_자금확보 계획**

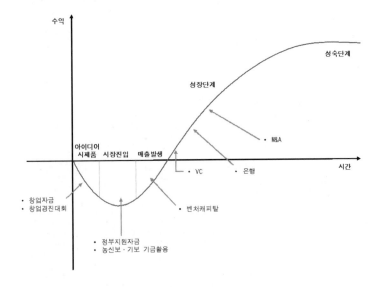

계곡에서 빠져나오지 못하는 경우가 많다. 새로운 제품을 파는 문제, 즉 마케팅에 실패한다. 자금이나 마케팅 능력부족 등 여러 가지 이유가 있다. 시장을 미리 테스트해보고 자금계획을 철저히 준비한다면 위험을 최소화할 수 있다. 귀농이든 창농이든 내가 가는 길을 정하고 필요한 자금을 계획하고 준비한다.

귀농이나 창농을 하기 전에 교육을 받고 정보를 수집하러 다니며 시간과 자금을 투자하므로 수익이 마이너스 상태이다. 아이디어단계에서는 귀농·창농에 대한 보조금이나 각종 경연대회 등을 통해 지원을 받을 수 있다. 구체적으로 자신만의 체험이나 농식품을 특허로 출원하는 등 추가적인 연구개발이 필요할 때 농업기술실용화재단 등으로부터 지원을 받을 수 있다. 시제품단계에서는 자신의 분야에 따라 정부 각 부처에서 지원하는 '사업화 지원' 사업이나 농신보, 기술보증기금 등을 활용할 수 있다. 수익이 발생할 정도로 매출액이 많아지면 융자나 투자자금으로부터 도움을 받을 수 있다. 경쟁력과 규모화가 이루어지면 M&A의 대상이나 주체가 되기도 한다.

구분	인프라	멘토	지원자금	비고
귀농 전 단계	각 기관의 경연대회 귀농귀촌지원센터 6차산업지원센터	심사위원, 수상자 기관 컨설턴트 등	경연대회 시상금	아이디어
귀농단계	귀농귀촌지원센터 6차산업지원센터 도/시군 농정과 지역농협/작목반 기술센터/농지은행 등	농업인 기관 컨설턴트 현장코칭 위원 등	자신의 분야에서 가능한 지원을 기관별, 사업별 파악	특허 출원
정착 후	귀농단계 인프라 농협중앙회 농업기술실용화재단 창조경제혁신센터	농업인 기관 컨설턴트 현장코칭 위원 유통부문 종사자	자신의 분야에서 가능한 지원을 기관별, 사업별 신청	갈등주의

농촌융복 합/법인화	정착 후 인프라 6차산업지원센터 중소벤처기업부 AT센터 등	농업인 기관 컨설턴트 현장코칭 위원 유통부문 종사자	자신의 분야에서 가능한 지원을 기관별, 사업별 신청	시제품 제작/사업화

가공(2차), 서비스(3차) 산업을 위한 지원자금 신청 시 유의사항

1) 사업성을 먼저 냉정히 판단하고 지원사업 신청여부를 결정

2) 가공사업은 1차농산물 생산 및 판매와는 다른 사업 분야임

3) 농식품 분야는 진입장벽이 낮고 위생에 매우 민감한 분야임
   - 자칫하면 '먹는 것 가지고 장난치는 사람'이 될 수 있음

4) 가공사업은 마케팅 능력이 있어야 가능한 사업임

5) 공장가동률이 낮을 경우를 미리 대비해 대안을 염두에 둠 (OEM 활용 등)

6) 시군 담당자도 모르는 지원내용이 많음. 멘토나 기관 컨설턴트 활용

6

갈등을 해결하라

—
모두를 만족시킬 수는 없지만 모두를 사랑할 수는 있다.

- 휘트니 커밍스(영화배우)

01

갈등의 원인을 찾자

    귀농인들은 지역민들과 갈등을 한번쯤은 겪게 된다. 현장을 다녀보면 귀농인들끼리 뭉치는 경향이 강하다. 귀농해서 마을을 위해 궂은 일 모두 하고, 마을 환경개선을 위한 지원자금을 얻어 주고, 할머니들의 집을 무상으로 고쳐줘도 결정적인 순간에 갈등을 일으키는 경우가 많다. 체험시설을 만들어 도시민들로부터 인기가 있으면 바로 그 앞에 그동안 키우지 않던 돼지를 키우는 것이다. 냄새 때문에 체험을 할 수가 없다. <u>서로 문화가 틀리고 바라는 것이 달랐기 때문이다.</u>

    귀농을 권유하고 농지까지 알선해 주던 농업인과 사이가 틀어지고 분쟁으로 변하는 경우도 종종 있다. <u>문화가 다른 문제는 소통으로 최소화하고 바라는 것이 서로 상이한 문제는 서로에게 필요한 존재가 되면 해결할 수 있다.</u> 농촌지역은 대부분 공동체 의식이 강하므로 '상생'의 구조를 만들지 않으면 갈등이 심해질 수 있는 곳이다. 소통에 성공해서 귀농인이 마을이장을 맡는 곳도 많다. 그리고 귀농인과 지역 농업인들이 사이좋게 잘 지내는 곳도 의외로 많다.

    마을을 위해 봉사하는 사람이 아니라 마을에 서로 필요한 사람이 되는 것이다. 봉사는 누구나 할 수 있다. 마을 도로를 청소하고 개울을 정비하는 것은 봉사다. 필요한 것은 무엇인가? 마을마다 다르겠지만 지역 농업인들이 생산한 농산물을 구입해 주거나 도시민에게 팔아주는 것이다. 마을이름을 딴 꾸러미 상품(여러 가지 농산물을 박스에 넣은 것)을 만들어 팔 수 있다. 6차산업을 하는 경우 추가로 필요한 원료를 지역 농업인들에게서 구매하게 되면 서로 상생하게 되는 것이다. 지역 농업인들은 소량이지만 판로가 생겨나기 때문에 좋아할 수밖에 없다. 마을을 위한 가장 큰 봉사는 농업인들의 판로를 조금이라도 넓혀 주는 것이다.

귀농인들과 지역민들은 그동안 접해온 환경과 문화가 다르다.

『품앗이와 정의 인간관계』를 보면 다음과 같은 내용이 있다. 농촌의 문화를 연구하러 시골로 간 연구자가 마을의 할머니들에게 선물을 돌렸다. 선물을 받을 때 대부분 '미안해서 어쩌나'를 말했다. 선물을 받고 미안해한 것이다. 그다음 몇 달 동안 체류하면서 마을사람들과 친숙해졌다. 연구자가 읍내로 볼일 보러 나갔다가 오면서 작은 선물을 사서 역시 할머니들에게 드렸다.

이때 연구자가 들은 말은 '고마워서 어쩌나?'였다. 할머니들의 반응은 처음에는 '미안해서 어쩌나'였는데 나중에는 '고마워서 어쩌나'였다. 이 두 가지 반응의 차이는 뭘까? 할머니들이 처음에 선물을 받을 때는 연구자가 인사차 와서 주는 선물이니 내가 다시 보답할 수 있을지 모르는 상태였다. 그래서 미안해한 것이다. 이 선물을 받고 내가 보답 못 할 수도 있으니 미안한 것이다. 그럼 그다음 번 선물에서 '고맙다'고 한 것은 그동안 서로 과일과 음식물을 주고받은 상태였으므로 미안해할 이유가 없는 것이다. 주고받음이 계속 이어지니 미안해할 것은 아니다. 고마운 것이다.

이 부분을 읽고 '설마, 할머니들이 이렇게까지 철두철미할까?' 하는 생각을 한 적이 있다. 가끔 고향에 가면 어머님께서 직접 만드신 곶감을 앞집과 뒷집에 드리라고 하신 적이 있다.

이때 하시는 말씀이 있다. '앞집에서 작년에 호박을 1박스 가지고 왔었다. 얼마나 잘 먹었는지.' '뒷집에서 수박하고 사과를 가지고 와서 친구들이랑 나눠 먹었다.' 선물을 받으시면 '가을에 옥수수 익으면 드려야겠다'고 말씀하신 적도 많았다. 왜 농촌에서 유독 이렇게 주고받음에 철두철미할까? 왜 이럴까? 품앗이 전통 때문일 가능성이 높다. 내가 일을 도와준 만큼 상대도 나의 일을 도와주는 것이다. 이렇게 노동력을 주고받는 기간이 오래되어 문화로 정착된 것이다. 다른 말로 정을 쌓아가는 것이다.

이때 주의할 것은 선물(농산물이나 무상의 노동력 제공)을 받고 즉시 갚으면 안 된다. 어제 선물을 받았다고 오늘 같은 선물로 되갚는 행위는 '정 떨어지는 행위'이다. 주고받음에는 시간이 필요하다. 잊어버리지 않고 자신이 직접 재배한 농산물로 갚는 것이 좋다. 긴 시간 동안 감사의 마음을 가졌다는 의미이기도 하다. 결론은 조심스럽게, 배우는 자세로, 시간을 두고 주고받으면서 이웃에게 접근하는 것이 좋다. 갈등의 원인은 대부분 농업인들의 문화, 그 지역의 정서를 이해하지 못하는 데 있다.

갈등문제 예방하라

갈등은 해결될 수 없다. 단지 억제할 뿐이다. 갈등이 생겨나지 않으면 가장 좋겠지만…. 부부간, 부자지간에도 갈등은 생겨난다. 귀농후 갈등을 예상하고 미리 조심한다면 갈등을 줄일 수도 있고 예방할수도 있다. 다음 세 가지 방법을 추천한다.

첫째, 단체에 가입한다.

농협 조합원이나 귀농인, 작목반, 기술센터 등을 통해 소그룹이나 단체에 가입한다. 단체에서 활동으로 인정받으면 갈등의 여지를 줄일 수가 있다. 가까운 멘토가 생겨나고 나를 감싸줄 사람들도 생겨난다.

둘째, 지역 주민들과 상생하는 구조를 만든다.

'나의 6차산업'이 성공할수록 지역주민에게도 혜택이 있어야 한다. 모든 주민들에게 혜택을 줄 수는 없지만 나에게 원료를 공급하거나 노동력을 제공해줄 수 있는 사람들과 연계되면 갈등의 범위가 줄어든다. 서로 필요로 하는 존재이기 때문에 갈등의 크기를 최소화할 수 있다.

셋째, 마을 공동사업이나 단체에서 제외되는 몇 사람에 대해 특별히 신경을 쓴다.

자신이 참여하지 않은 마을사업이 잘되는 경우 분노를 느낄 수 있다. 그리고 자신의 권리를 주장하기 위해 마을 전체에 해가 되는 일도 서슴지 않을 수 있다. 마을에서 체험과 숙박을 시작한다면 바로 그 앞 자신의 밭에 거름더미를 만들어 악취를 풍기게 할 수도 있다. 소통하는 것이 힘들지만 계속 노력해야 한다.

한겨울에 시골로 출장을 갔다가 길을 잃은 적이 있다. 내비게이션을 따라갔지만 길이 담장에 막혀 있어 목적지를 찾을 수 없었다. 금방 컴컴해지고 하늘에는 별이 보인다. 차를 세워놓고 골목길을 따라 다녔지만 도저히 알아낼 수 없었다. 겨울 밤, 손발이 얼어붙는 것 같았다. 창문 너머로 불 켜진 집을 찾아 무작정 노크를 했다. '계세요?'를 몇 번 외치니 할머니 한 분이 나오셨다. 칠흑 같은 밤, 할머니 혼자 사시는 집이었다. 마당까지 나오셔서 친절히 설명해주시고는 들어가시지 않고 떠나는 나를 물끄러미 바라보시던 할머니가 생각난다. 열려진 문틈 사이로 노후의 고독이 짙게 묻어난다. 농촌에서는 어르신들과 작은 소통으로 큰 위안을 줄 수도, 얻을 수도 있는 기회가 많다.

두레에서 배우는 갈등 해결방법

우리나라 농업문야에서는 처음으로 모내기 방법을 적용하던 때가 있었다. 기록에는 없지만 대략 고려시대 말에서 조선 초기 사이로 추정하고 있다. 기존에 볍씨를 손으로 뿌리던 직파법보다 모내기를 하면 생산량이 월등하게 많았다. 그런데 모내기를 하기 위해서는 해결해야 할 문제가 있다. 바로 노동력의 문제였다. 모내기하고 풀을 뽑아야 하는 시기에 일손이 절대적으로 부족했다. 모내기하는 시기를 놓치면 손해가 크다.

어떻게 해결했을까?

농민들은 두레를 만들었다. 마을 전체 논을 마을사람들 모두가 함께 모내기하고 김매기(풀 뽑기)를 하는 것이다.

과연 이것이 가능했을까?

선물을 받는 것도 '내가 갚을 수 있는 것'과 '없는 것'을 구별하는 사람들이 어떻게 무조건적인 협동을 할 수 있었을까? 논의 크기도 모두 틀리고 일하기 어려운 지역과 쉬운 지역 등 모든 것이 통일되지 않았는데 왜 마을사람들은 모두 함께 나서서 마을에 있는 논을 공동으로 경작하게 되었을까? 작은 논을 가진 사람들의 불만이 가장 컸을 것이다. '내 논은 작아서 혼자 해도 반나절이면 모내기가 끝나는데 마을 전체를 같이할 경우 3일은 고생해야 하는데…'

이런 상황에서 두레가 어떻게 계속 유지될 수 있었을까?

두레는 누가 조직했는지 알 수 없지만 기존의 마을 공동체 모임을 두레로 변형시켰을 것이다. 한곳에서 성과가 있자 곧 전국적으로 확산되지 않았을까? 모내기 문제를 해결한 조선시대 농업인들의 방법을 살펴보자. 결국 '합치기'와 '나누기'이다.

첫째, 방법 합치기이다.

두레의 운영 형태를 국가운영방법과 비슷하게 만들었다. 두레조직을 단단하게 만들었다. 먼저 영좌(領座)는 대통령 역할을 한다. 이 사람은 두레의 총책임자이며 작업을 지휘한다. 도감(都監)은 청와대 비서실장 역할을 한다. 도감은 영좌를 보좌하고 지시사항을 전달한다. 수총각(首總角)은 지금의 국방부 장관의 역할을 한다. 이성의 경험이 없는 숫총각을 의미하는 것이 아니라 총각 중에 으뜸이라는 뜻으로 수총각이다. 마을에서 일을 가정 빠르게 하고 힘이 가장 좋은 사람이 이 역할을 맡는다. 가장 힘든 지역에서 일을 하며 작업의 완급을 조절한다. 술에 취해 행패를 부리는 사람이 있으면 이 수총각이 벌을 준다. 유사(有司)는 국가기록원장의 역할을 한다. 두레의 회계와 기록업무, 두레회원의 출석업무를 담당한다. 마지막으로 방목감(放牧監)이 있다. 가축을 돌보는 사람이다. 주로 몸이 불편한 사람들이 담당한다.

국가를 상징하는 국기가 있듯이 두레기도 있다. 두레 깃발에 용을 많이 그렸다. 용은 비를 부르기 때문에 모내기에 절대적으로 필요하다. 그리고 작업할 때 가장(家長)이 병들거나 과부(寡婦)가 소유한 논은 무상으로 일해주었다. 국가에서 지원해야 하는 복지업무까지 수행했다. 국가고시에 장원급제가 있다면 두레에는 두레장원이 있었다. 가장 일을 잘한 사람을 두레장원으로 선정하여 소에 태우고 마을을 한 바퀴 돌았다. 소가 없는 곳은 가마를 태우기도 했다. 총각인 경우 두레장원이 되는 것이 매우 중요했다. 왜냐하면 사윗감 1순위가 되기 때문이다. 최선을 다하지 않을 수 없다.

둘째, 공간 합치기이다.

노동을 하는 공간을 축제의 장으로 만들었다. 이것은 두레 때문에 새로이 만든 것은 아니지만 기존의 농요를 적절하게 활용했다.

경남 고성에는 고성농요가 있다. 매년 6월경 현장에서 농요시연을 한다. 전국의 사진작가들이 모여든다. 이때 참석해서 두레의 전 과정을 볼 수 있었다. 먼저 마을에서 한바탕 논다. 노래 소리를 듣고 사람들이 더 모여든다. 농기(두레 깃발)를 앞세우고 지주, 머슴, 자경농들이 모두 한데 어우러져 춤을 추며 모내기 장소로 이동한다. 논둑길을 살포(농기구의 일종)를 든 지주가 농악의 리듬에 맞춰 구름 위를 걷듯이 사뿐사뿐 걸어가고 두레꾼들이 뒤를 따른다. 그다음 물이 가득 찬 논에 두레꾼들이 모내기를 하러 들어간다. 이때 재미있는 광경이 펼쳐진다. 춤을 추며 리듬에 맞춰 논에 들어간다. 조선시대 모내기의 기록을 보면 '모내기가 죽고 싶을 정도로 힘들다'는 내용이 있다. 그런 곳을 춤을 추며 들어가는 것이다. 실제 모내기를 할 때도 노래를 부르면서 일을 한다. 축제 혹은 신바람과 노동을 합쳐 일의 효율성을 증대하였다. '혼자 하면 3일 걸리는 일을 두레를 하면 2일에 끝난다'는 내용이 있다(주강현 『두레』 참조).

셋째, 공간 나누기이다.

각자의 임무를 나눈 것은 공간 나누기이다. 분업의 효과를 극대화하였다. 그리고 땅을 많이 소유한 지주들은 술과 고기를 제공하였다. 즉, 행사비용을 알아서 조달한 것이다. 두레가 일의 효율성이 높고 작은 땅을 소유한 사람도 축제에 참여하고 떡과 고기를 얻을 수 있으니 참여하지 않을 이유가 없었다.

넷째, 시간 나누기이다.

두레가 시작되고 끝나는 기간은 일상의 시간과 분리하였다. 어떤 사람은 평소에는 그냥 촌부이지만 두레가 행해지는 기간에는 영좌가 되고 마을 전체의 권력(모내기에 대한 전권)을 가지게 된다. '두레싸움에는 부모형제도 없다'는 말이 있다. 가족관계보다 두레가 우위에 있었다. 두레가 끝나면 다시 평상으로 돌아간다.

Band Model을 활용한 갈등 해결방법

조선시대 농업인들도 결국 Band Model의 원리(도구)로 갈등을 해결하였다. 구체적으로 방법 합치기, 공간 합치기, 시간 나누기, 공간 나누기이다. 갈등이 발생하면 두뇌는 감정적 영역이 활성화된다. 이성적 사고가 힘들어지는 이유이다. 이때 Band Model은 우리를 이성적 사고로 유도한다.

	공간 합치기 노동 + 축제	
시간 나누기 일상/축제	**모내기** **노동력 부족**	공간 나누기 업무분담
	방법 합치기 국가운영방법 + 두레	

두레조직은 군사조직보다 결속력이 강했던 것 같다. 두레기간 중 이웃마을과 싸움이 발생하면 사상자가 속출할 정도로 전투가 치열했다. 1900년대 신문기사를 검색하면 바로 확인해 볼 수 있다.

두레를 통해 얻을 수 있는 갈등 관리방법

주로 마을기업을 조직하거나 운영할 경우 필요한 방법이다.

① 마을사업인 경우 마을사람 모두가 동의, 동참해야 한다.

② 손해 보는 사람이 없어야 한다. 즉, 마을사람들 서로 win-win 해야 한다.

③ 축제(잔치)와 연계하면 더 좋다.

④ 어려운 사람을 돕는 장치로 명분을 얻는 것이 좋다.

⑤ 일의 효율성을 추구해야 한다.

나가는 말

나도 대박상품을 만들 수 있다

모바일 메신저 '라인'을 일본 1위로 만든 라인 주식회사의 前 CEO 모리카와 아키라는 자신의 저서 『심플을 생각한다』에서 선택과 집중에 대해 이야기한다. '회사는 무엇이 가장 중요할까?'라는 질문에 '이익도, 사원들의 행복도, 브랜드도, 전략도, 비즈니스 모델도 다 중요하지만 가장 중요한 것은 단 하나'다. 바로 '대박 상품을 계속 만드는 것.'

6차산업에서는 무엇이 중요할까? 사업을 대규모화할 수 없는 상황에서 생존하는 방법은 무엇일까? 매력적인 유무형의 제품으로 '부족을 계속 만드는 것'이다. 부족을 많이 만들 수 있는 상품이 대박상품이다. 내 제품의 가치를 알아주고 나와 가족처럼 소통하는 '부족'이 있는 한 잡다한 부수적인 문제는 모두 해결된다. 어떤 유통매체를 선택하던 '부족'을 계속 만들어야 하고 몇 명의 부족이 유지되어야 하는지를 정확히 알고 있어야 한다.

리스크를 최소화하면서 지속적인 대박상품 만드는 방법

다시 강조하지만 농업에 아이디어와 기술을 더하면 강소농이 될 수 있다. 아이디어도 없고 기술도 없는데 성공한 농업인은 아직 못 본 것 같다. 그냥 운이 좋았다고 하시는 분들도 있는데 나름 '통찰(아이디어)'이 있으신 것 같다. 그러나 농업에 아이디어와 기술을 더해 실패한 사례도 수없이 많다. 투자와 리스크를 최소화하기 위해 앞에서 이야기한 미리 시장의 반응을 보는 과정을 염두에 두시길 바란다. 이제 나의 것을 찾아야 할 시간이다. 자신이 발견한 문제나 뭔가 차별화된 상품을 스스로 만들어 보자.

	공간 합치기	
시간 나누기	?	공간 나누기
	방법 합치기	

성공을 보장하는 품목이나 아이템은 따로 없다. 성공은 매시간 만들어 나가는 것이다. 소비자 만족이 우리의 성공이다. 하지만 소비자 자신도 무엇에 만족해할지 잘 모른다. 이때 통찰과 문제해결 방법이 필요하다.

아이디어는 스킬이다. 더구나 한국인은 창의성에 강하다. 창의성 분야에서 유명한 『틀 안에서 생각하기』란 책에서 한국호텔의 사례를 든다. 뉴욕의 어떤 호텔 CEO가 1년 동안 두 차례 한국을 방문하는 일이 있었다. 그는 두 번 다 같은 호텔에서 묵게 되었다. 그런데 두 번째 그 호텔을 찾았을 때 프런트의 접수원이 그를 알아본 것이다.

"어서 오십시오. 또 와주셔서 얼마나 반가운지 모르겠습니다!"

'단지 두 번째 방문인데 나를 알아보다니…' CEO는 깊은 감명을 받았다. 그는 자기 호텔 직원들도 재방문하는 고객에게 똑같은 방식으로 맞이하면 좋겠다고 생각했다. 뉴욕으로 돌아간 그는 얼굴인식 프로그램 전문가와 상의했는데, 전문가들은 얼굴인식 소프트웨어를 장착한 카메라를 달라고 조언했다. 이 시스템에 들어가는 비용이 무려 250만 달러나 되었다. CEO는 너무 많은 비용으로 그 아이디어를 포기했다. 대신 그는 다음에 서울로 여행하게 되면 그 호텔의 얼굴인식 프로그램을 알아보기로 했다. 그리고 다시 서울을 찾게 되었을 때, 그 호텔의 프런트직원은 또 그를 알아보고 따뜻하게 맞아주었다.

"어서 오십시오. 또 와주셔서 얼마나 반가운지 모르겠습니다!"

그는 프런트직원에게 손님 인식시스템이 어떻게 작동하는지 진지하게 물었다. 미국보다 훨씬 저렴한 프로그램이 있을 것이란 기대도 했을 것이다. 그런데 직원의 대답은 어처구니없었다. 호텔에서 택시기사와 거래를 하고 있다는 것이다. 공항에서 호텔까지 오는 도중에 택시기사는 승객과 이런저런 이야기를 나누면서 지나가는 말로 예전에 그 호텔에 묵은 적이 있는지 묻는다고 했다.

"만일 손님이 예전에도 우리 호텔을 이용하신 적이 있으면 택시기사가 손님의 짐을 데스크 오른쪽에 놓고, 우리 호텔을 처음 이용하시면 데스크 왼쪽에 놓거든요. 이런 서비스를 제공하는 대가로 우리는 택시기사에게 손님 한 분당 1달러를 지불합니다."

차라리 '우리 호텔의 손님 인식시스템은 기밀'이라고 답변했으면 어떨까? 아니면 이 시스템을 알려드리는데 1만 달러라고 했으면…. 저자는 한국어판 서문에서 "혁신과 창의성에 대한 열정을 가진 한국 독자들에게 우리의 책을 소개할 수 있는 것을 영광으로 생각합니다" 하고 인사한다. 열정과 도구가 있으면 누구나 창의적으로 문제를 해결해나갈 수 있다.

여주시에 있는 마을기업이 전통주를 생산한다고 하여 컨설팅을 진행한 적이 있다. 조선시대 왕실에 농산물을 직접 진상한 적이 있는 자긍심 있는 마을이다. 불현듯 전통주 이름으로 국립중앙박물관 전시제목이었던 '여민해락(與民偕樂), 국민과 더불어 즐긴다'는 말이 생각났다. 누군가 '해락'이라는 말이 거슬리니 '여민락주(與民樂酒)'로 하자는 의견이 있어 그렇게 이름 붙였다. 디자인과 마케팅 컨설팅을 진행하였다. 마을 주민분들이 모여 정말 즐겁게 술을 빚는다. 술맛도 좋다. 체험을 할 수도 있고 자연과 유적(遺蹟)이 어우러진 산책로도 훌륭하다.

다음은 '여민락주' 가공시설을 오픈하는 날 마을기업 대표의 기념사이다. 농촌의 어려운 문제를 해결하기 위한 방법으로 마을기업을 만들고 전통을 지켜나가겠다는 다짐이다.

이 기념사로 이야기를 마치고자 한다.

안녕하십니까? 연대리 영농조합법인 대표 이무권 인사드립니다. 오늘은 연대리 역사에 기록될 중요한 날이라고 말씀드리고 싶습니다. 이런 중요하고 의미 있는 날에 연대리의 발전을 함께하기 위하여 많은 분들이 참석해주셨습니다. 여기에 계신 모든 분들께 연대리 주민의 마음을 담아 진심으로 감사드립니다.

초고령화 사회의 현실을 마주하면서 우리 연대리에서는 절대적인 혁신과 변화가 필요했습니다. 때마침 금당권역 종합정비사업을 전하면서 과연 우리 마을은 무엇을 할 것인가 고민하게 됐습니다. 연대리는 선대부터 전해오던 가양주라는 전통주가 있었습니다. 마을기업을 만들어 마을주민이 직접 참여하여 생산하며 수익을 창출할 수 있는 것만이 농촌의 어려운 문제를 해결할 수 있는 방법이라고 생각했습니다.

많은 우여곡절 끝에 '연대리 영농조합법인'이 탄생했습니다. 그리고 여러분 바로 앞에 '여민락주를 생산하고 체험할 수 있는 시설'이 들어서게 됐습니다. 경기도 내 마을기업 중 전통주를 생산하는 곳은 연대리가 처음이라고 알고 있습니다. 그만큼 어려운 일을 연대리가 도전할까 합니다.

여러분! 힘찬 격려와 뜨거운 응원 부탁드립니다. 해내고 싶습니다. 또 성공하고 싶습니다. 연대리의 성공을 시작으로 다른 많은 마을에도 도전할 수 있는 용기를 주고 싶습니다. 여기까지 오는 동안 많은 지원과 도움을 주신 여주시에 다시 한 번 감사드립니다.

민선7기 사람중심, 행복여주가 새롭게 시작되는 만큼 우리 연대리도 여주시와 함께 성공적인 사례가 되도록 노력하겠습니다. 오늘 바쁘신 가운데도 연대리의 발전을 위하여 참석하여 주신 여러분들에게 진심으로 감사드립니다.

참고문헌

김위찬 / 르네마보안, 『블루오션전략』, 교보문고, 2005.

김주희, 『품앗이와 정의 인간관계』, 집문당, 1992.

김효준, 『창의성의 또 다른 이름 트리즈』, INFINITY BOOKS, 2009.

드루 보이드, 『틀 안에서 생각하기』, 책읽는수요일, 2014.

류근모, 『상추CEO』, OCEO, 2012.

모리카와 아키라, 『심플을 생각한다』, 다산북스, 2015.

민승규, 김성회, 김양식, 권영미, 『벤처농업 미래가 보인다』, 삼성경제연구소, 2003.

박영일, 『인문학에서 미래농업의 길을 찾다』, 한국학술정보, 2019.

서윤정, 『6차산업 융복합혁명』, NHCOM, 2013.

안병권, 『스토리두잉』, 비즈북스, 2015.

윤선, 전영미, 『해바라기 마케팅』, 북셀프, 2016.

조관일, 『멋지게 한 말씀』, 쌤앤파커스, 2010.

주강현, 『두레 농민의 역사』, 들녘, 2006.

특허청, 『IP제품 혁신매뉴얼』, 특허청, 2016.

임용한, 『세상의 모든 전략은 전쟁에서 탄생했다』, 교보문고, 2012.

다케이 노리오, 『더 높은 가격으로 더 많이 팔수 있다』, 커뮤니케이션북스, 2015.

체험관련 추천도서

(문화 부문)

권중서, 『불교미술의 해학』, 불광출판사, 2010.

김광언, 『우리 문화가 걸어온 길』, 민속원, 2001.

서정오, 『우리 옛이야기 백가지 1, 2』, 현암사, 2013.

오주석, 『한국의 미 특강』, 솔, 2006.

유성룡, 『징비록』, 역사의 아침, 2013.

유홍준, 『나의 문화유산 답사기』, 창작과비평사, 1997.

윤병열, 『한국해학의 예술과 철학』, 아키넷, 2013.

이규태, 『한국인, 이래서 잘산다』, 신원문화사, 2000.
이만열, 『한국인만 모르는 다른 대한민국』, 21세기북스, 2013.
이어령, 『신화 속의 한국정신』, 문학사상사, 2007.
일연, 『삼국유사』, 을유문화사, 2103.
최진호, 『쌀을 먹어야 하는 40가지 이유』, 철학과현실사, 2003.

(창의성 부문)
김영식, 『나는 왜 그 생각을 못 했을까』, 타임스퀘어, 2011.
김영한, 김익철, 『생각의 지름길』, 다산북스, 2008.
김정운, 『에디톨로지』, 21세기북스, 2014.
김준호, 『미래산업, 이제 농업이다』, 가인지캠퍼스, 2017.
다니엘 핑크, 『새로운 미래가 온다』, 한국경제신문, 2012.
로버트 루트번스타인, 『생각의 탄생』, 에코의 서재, 2011.
로저 마틴, 『디자인 씽킹』, 웅진윙스, 2010.
마크 고울스톤, 『뱀의 뇌에게 말을 걸지 마라』, 타임비즈, 2010.
미하이 칙센트미하이, 『창의성의 즐거움』, 북로드, 2012.
박용후, 『관점을 디자인하라』, 프롬북스, 2013.
삼성경제연구소, 『그들의 성공엔 특별한 스토리가 있다』, 삼성경제연구소,
        2012.
셀리 카슨, 『우리는 어떻게 창의적이 되는가』, RHK, 2012.
이광형, 『누가 내 머릿속에 창의력을 심어놨지?』, 문학동네, 2015.
이랑주, 『살아남은 것들의 비밀』, 샘터, 2014.
이종인, 『다르게 보는 힘』, 다산, 2016.
이주헌, 『창조의 미술관』, 21세기북스, 2013.
임용한, 『세상의 모든 전략은 전쟁에서 탄생했다』, 교보문고, 2012.
임창섭, 『씽킹』, 루비박스, 2016.
조관일, 『궁리하라 그러면 된다, 상창력』, 흐름출판, 2009.
최윤식, 『생각이 미래다』, 지식노마드, 2012.
최인수, 『창의성의 발견』, 쌤앤파커스, 2012.
허주일, 『나는 특허로 평생월급 받는다』, 부키, 2015.
현의송, 『문화를 파는 농촌에 희망이 있다』, 농민신문사, 2010.
현의송, 『6차산업을 디자인하라』, 책넝쿨, 2014.
야마구치 슈, 『철학은 어떻게 삶의 무기가 되는가』, 다산초당, 2019.

이제구 ─────────────────────────────────

학예사, 경영지도사, 한양대학원 석사.

마을기업 심사위원, 안성시 6차산업전문위원.

농협중앙회 홍보실, 농업박물관, 농협쌀박물관, 경영진단국 등에서 학예사와 경영컨설턴트로 활동한 경험이 있다.

농협 미래농업지원센터에서 농업인을 위한 '수요자중심 one-stop 종합컨설팅 시스템' 운영을 총괄하고 있다.

한국인에게 적합한 창의적 문제해결 모델인 Band Model을 개발하고 확산하기 위해 불철주야 노력하고 있다.

식량산업발전 등 장관상 2회, 농협중앙회장상 5회 수상.

귀농과 6차산업 창업

BAND
MODEL로
성공하라

초판발행 2019년 7월 31일
초판 2쇄 2020년 2월 10일

지은이 이제구
펴낸이 채종준
펴낸곳 한국학술정보(주)
주 소 경기도 파주시 회동길 230(문발동)
전 화 031-908-3181(대표)
팩 스 031-908-3189
홈페이지 http://ebook.kstudy.com
E-mail 출판사업부 publish@kstudy.com
등 록 제일산-115호(2000. 6. 19)

ISBN 978-89-268-8906-0 13520